编审委员会

主　任　唐晓东
副主任　崔永明　杨　明
委　员　冉　颢　王万里　王俊刚　彭艳春　刘继伟

本书编审人员

主　编　雷勇辉　张新宇
副主编　屈荷丽　崔艳华　吴彩兰　何颖丽
编　者（排名不分先后）
　　　　　张新疆　杨志梅　马　旭　朱家辉　吴大江　高英杰
　　　　　陈爱群　杨　瑞　赵伊英　李　扬　冯胜利　胡　军
　　　　　宋　武　周博龙　王　英　于　炼　刘　珣　王俊刚

职业技能评价培训教材

农艺工（棉花栽培工）
（五级/初级工）

雷勇辉　张新宇　主编

中国劳动社会保障出版社

图书在版编目（CIP）数据

农艺工. 棉花栽培工：五级／初级工／雷勇辉，张新宇主编. -- 北京：中国劳动社会保障出版社，2025.（职业技能评价培训教材）. -- ISBN 978-7-5167-7137-2

Ⅰ．S

中国国家版本馆CIP数据核字第2025YD7041号

农艺工（棉花栽培工）（五级／初级工）
NONGYIGONG（MIANHUA ZAIPEIGONG）（WUJI／CHUJIGONG）

中国劳动社会保障出版社出版发行
（北京市惠新东街1号　邮政编码：100029）

*

北京汇林印务有限公司印刷装订　　新华书店经销
787毫米×1092毫米　16开本　11.75印张　191千字
2025年8月第1版　　2025年8月第1次印刷
定价：32.00元

营销中心电话：400-606-6496
出版社网址：https://www.class.com.cn

版权专有　　侵权必究
如有印装差错，请与本社联系调换：（010）81211666
我社将与版权执法机关配合，大力打击盗印、销售和使用盗版图书活动，敬请广大读者协助举报，经查实将给予举报者奖励。
举报电话：（010）64954652

编写说明

为建立劳动者终身职业技能培训制度,健全完善技能人才评价体系,推行职业技能等级制度,进一步规范培训行为,提高培训质量,切实提高从业人员技能水平,有关专家根据职业培训包课程规范编写了农艺工(棉花栽培工)职业技能评价培训系列教材[以下简称农艺工(棉花栽培工)教材]。

农艺工(棉花栽培工)教材紧贴职业培训包课程规范要求编写,内容上突出"职业活动为导向、职业技能为核心"的编写原则,结构上按照职业技能等级分级别编写。该套教材共包括《农艺工(基础知识)》《农艺工(棉花栽培工)(五级/初级工)》《农艺工(棉花栽培工)(四级/中级工)》《农艺工(棉花栽培工)(三级/高级工)》4本。其中,《农艺工(基础知识)》是各级别农艺工(棉花栽培工)均需掌握的基础知识,其他各级别教材内容包括各级别农艺工(棉花栽培工)应掌握的理论知识和操作技能。

本教材介绍了农艺工(棉花栽培工)(五级/初级工)应掌握的理论知识和操作技能,内容涉及播前准备、播种、田间管理、收获管理。

本教材是农艺工(棉花栽培工)职业技能评价培训推荐教材,也是职业技能等级认定题库开发的重要依据,已纳入职业培训包教材资源,适用于职业技能评价培训和中短期职业技能培训。

本教材在编写过程中得到新疆生产建设兵团开放大学、新疆生产建设兵团公共就业和人才服务中心、新疆生产建设兵团人力资源考试院等单位的大力支持与协助,在此一并表示衷心感谢。

目 录 CONTENTS

职业模块一　播前准备 ··· 1

　培训课程 1　土地准备 ··· 3

　　学习单元 1　土壤耕作及播前灌溉 ··· 3

　　学习单元 2　犁地 ··· 10

　　学习单元 3　轮作倒茬与基肥施用 ··· 13

　　学习单元 4　棉田施肥 ·· 17

　培训课程 2　农资准备 ·· 20

　　学习单元 1　肥料选择与储藏 ·· 20

　　学习单元 2　棉田肥料识别 ··· 24

　　学习单元 3　种子知识 ·· 26

　　学习单元 4　优良棉花品种鉴别 ·· 33

　　学习单元 5　农药选择与准备 ·· 36

　　学习单元 6　制剂用量与倍液量转换 ··· 42

　培训课程 3　育苗 ··· 45

　　学习单元 1　棉花育苗 ·· 45

　　学习单元 2　育苗基质配制 ··· 51

职业模块二　播种 ·· 55

　培训课程 1　整地 ··· 57

　　学习单元 1　土壤结构 ·· 57

　　学习单元 2　盐碱地改良 ··· 61

　　学习单元 3　整地措施 ·· 63

　　学习单元 4　灌溉技术与排水技术 ··· 69

　　学习单元 5　滴灌带铺设 ··· 74

　　学习单元 6　除草剂施用 ··· 76

学习单元7　棉田除草剂土壤封闭处理……………………………… 81
　培训课程2　直播 ……………………………………………………… 84
　　学习单元1　棉籽脱绒…………………………………………………… 84
　　学习单元2　播种方法和播种方式……………………………………… 86
　培训课程3　移栽 ……………………………………………………… 91
　　学习单元1　棉苗的移栽技术…………………………………………… 91
　　学习单元2　移栽炼苗…………………………………………………… 94

职业模块三　田间管理………………………………………………… 97

　培训课程1　耕作管理 ………………………………………………… 99
　　学习单元　中耕、除草、起垄培土及作业质量检查………………… 99
　培训课程2　肥水管理与棉花长势判断 …………………………… 106
　　学习单元1　肥水管理…………………………………………………… 106
　　学习单元2　棉花长势判断……………………………………………… 108
　培训课程3　植株管理 ………………………………………………… 112
　　学习单元1　间苗、定苗、补苗、整枝………………………………… 112
　　学习单元2　保苗株数估算……………………………………………… 115
　　学习单元3　植物生长调节剂施用……………………………………… 118
　　学习单元4　化学打顶…………………………………………………… 122
　培训课程4　病虫草鼠害防治 ………………………………………… 126
　　学习单元1　农药保管和药械使用与清洗……………………………… 126
　　学习单元2　农药质量鉴别……………………………………………… 129
　　学习单元3　农药防治病虫草鼠害……………………………………… 132
　　学习单元4　棉田无人机施药…………………………………………… 151

职业模块四　收获管理………………………………………………… 155

　培训课程1　收获 ……………………………………………………… 157
　　学习单元1　棉花成熟、收获及田间清理……………………………… 157
　　学习单元2　脱叶剂施用………………………………………………… 162
　培训课程2　整理 ……………………………………………………… 165

学习单元1　棉花整理和包装 …………………………………… 165
　　学习单元2　棉花品级鉴定 ……………………………………… 168
培训课程3　储藏 …………………………………………………… 172
　　学习单元1　棉花储藏与仓库病虫鼠害防治 …………………… 172
　　学习单元2　棉花仓库防火 ……………………………………… 176

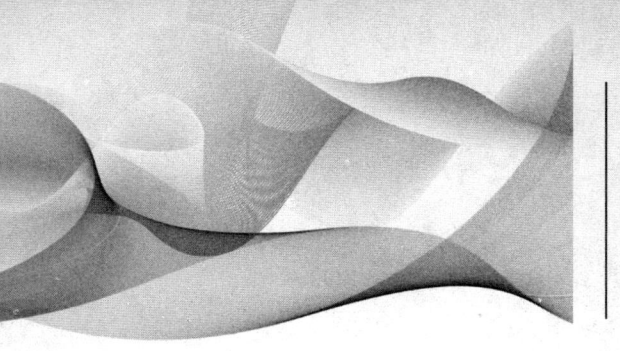

职业模块 一

播前准备

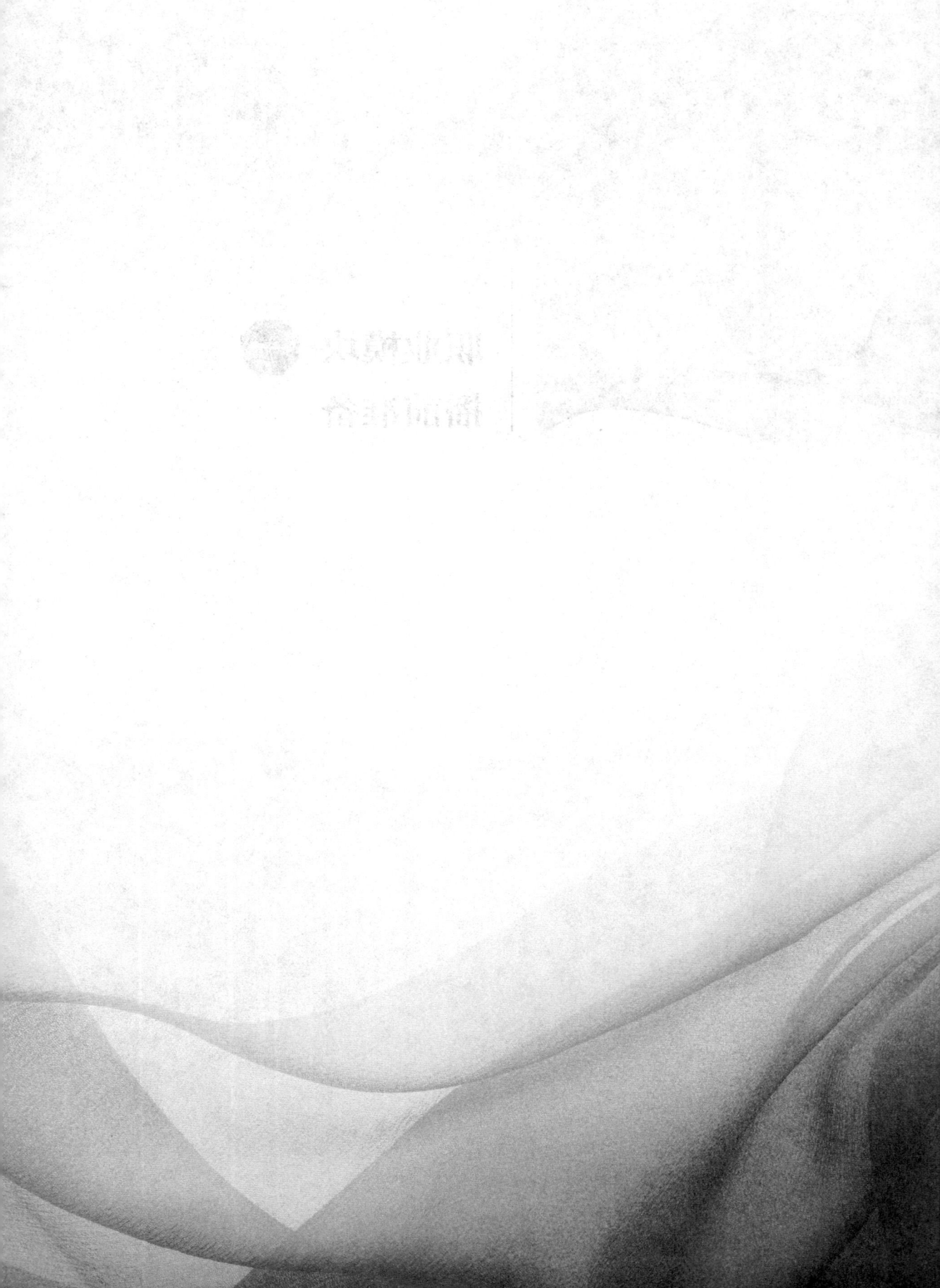

培训课程 1 土地准备

学习单元 1　土壤耕作及播前灌溉

学习目标

了解翻耕技术和播前灌溉技术。

知识要求

一、翻耕技术

1. 选择翻耕农具

翻耕棉田时，有多种农具可供选择。每种翻耕农具有特定的优势和适用条件。以下是一些常用的翻耕农具及其特点。

（1）铧式犁（见图1-1）

铧式犁通常安装在拖拉机上，通过调整铧式犁的角度和深度，适应不同土壤的硬度和湿度。铧式犁适用于大规模棉田翻耕，能够有效地破碎和翻转土壤，增强土壤通气性和保水性。

（2）圆盘犁（见图1-2）

圆盘犁由多个圆盘组成，能够按照要求，翻转土壤，并破碎土壤中的残茬和杂草。圆盘犁适用于需要精细翻耕的棉田，可以有效改善土壤结构，促进作物根系生长。

图1-1 铧式犁

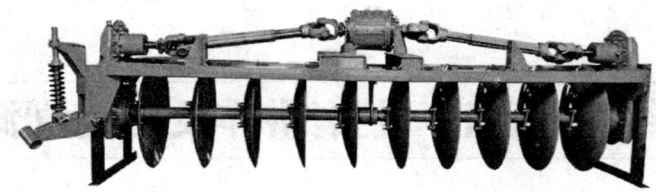

图1-2 圆盘犁

（3）链轨犁（见图1-3）

链轨犁通过链条和轨道在土壤中形成深沟，适用于需要深度翻耕的棉田。链轨犁能够增强土壤通气性和保水性，适用于一些特定的土壤条件。

图1-3 链轨犁

（4）犁壁

犁壁通过刀片的切入作用破碎土壤，然后通过壁体的翻转作用翻转土壤，达到深度翻耕的目的。犁壁的材料需要具备较高的硬度和较强的耐磨性，以保持刀片的锋利度，延长使用寿命。

选择合适的翻耕农具时，需要考虑棉田的具体条件、土壤质地以及翻耕的目的。例如，对于大型棉田和需要深度翻耕的棉田，铧式犁可能是更好的选择；而对于需要精细翻耕或特定土壤条件的棉田，圆盘犁或链轨犁可能更合适。此外，犁壁等专用翻耕农具则适用于有特定翻耕需求的棉田，如需要深度破碎和翻转土壤的棉田。

2. 翻耕方法

翻耕是一种耕作方法，主要使用犁等农具将土壤铲起、松碎并翻转（见图1-4）。翻耕的目的是改善土壤结构，促进土肥融合，加速土壤熟化，同时保蓄水分、灭除杂草、杀灭虫卵等。根据作业方法，翻耕方法可以分为内翻法和外翻法；根据时间，翻耕方法可以分为春耕、伏耕和秋耕；根据深度，翻耕方法可以分为浅翻和深翻。翻耕方法还包括半翻法、全翻法和分层翻法，每种翻耕方法都有特定的用途和效果。例如，半翻法适用于一般熟地；全翻法覆盖严密，灭草性强，但能耗大；分层翻法则能更有效地打破犁底层，提高土壤质量。

图1-4 拖拉机翻耕

3. 翻耕时间

翻耕时间一般根据气候条件、熟制和作物生育期而异。根据季节，翻耕时间分为秋耕、冬耕、春耕和伏耕等4种，并选择能调节土壤水分、土壤熟化的适宜时间进行。一般在作物收获后及早翻耕，有利于提高整地质量。

4. 翻耕深度

根据作物种类、土壤质地、气候条件、季节等多种因素，确定翻耕深度。对甜菜、甘薯等块根作物，宜深耕；对稻、粟等浅根系作物，宜相对浅耕；对黏土宜深耕，对砂壤土宜浅耕；秋耕宜深耕，春耕宜浅耕；对休闲地，宜深耕，播前，宜浅耕等，必须因地、因时制宜。实践表明，使用旧式犁，翻耕深度为 12～13 cm，使用机引犁，翻耕深度为 20～22 cm 或 25 cm，常有增产效果。深耕结合施用有机肥，增产效果更为显著。

二、耙地技术

1. 选择耙地农具

耙是用于表层土壤翻耕的农具，翻耕深度一般不超过 15 cm。常用的耙主要有圆盘耙、钉齿耙和星轮耙等。

（1）圆盘耙（见图 1-5）

圆盘耙以成组的凹面圆盘为工作部件，耙片刃口平面与地面垂直，并与机具前进方向有一个可调节的偏角。作业时，在拖拉机牵引力和土壤反力作用下，耙片滚动前进，耙片刃口切入土壤，切断草根和作物残茬，并使土垡沿耙片凹面上升一定的高度后，翻转下落。作业时，能把土壤表面的肥料、农药等与表层土壤混合，普遍用于作物收获后的浅耕灭茬、早春保墒和耕翻后的碎土等作业，也可用于飞机播种后的盖种作业。按耙组的配置形式，圆盘耙可以分为单列式、双列对置式和偏置式 3 种。

（2）钉齿耙（见图 1-6）

钉齿耙以成组的钢制钉齿为工作部件。钉齿耙用于犁耕后平整地面，破碎土壤表面的土块或板结层，以减少水分蒸发；也可用于覆盖撒播的种子和肥料，以及苗期除草、疏苗等。耙深 5～6 cm。耙齿有方形、圆形、椭圆形、菱形和刀形。刀形耙齿的钉齿耙又称刀齿耙。方形、菱形和刀形耙齿有较强的松土、碎土能力。

图 1-5 圆盘耙

图 1-6 钉齿耙

（3）往复驱动耙（见图1-7）

往复驱动耙由前后两根装钉齿的横杆组成，由拖拉机动力输出轴通过传动装置使两根横杆做相对往复运动，钉齿在作业时起振动碎土作用。

图1-7　往复驱动耙

（4）立式转齿耙（见图1-8）

立式转齿耙由若干个横向排列的、有两个直钉齿的门形转子组成。相邻转子的旋转方向相反，钉齿相互错开90°。耙深可达25 cm，适用于块根作物，能耗较大。

图1-8　立式转齿耙

（5）弹齿耙（见图1-9）

弹齿耙的耙齿是由弹簧钢片制成的弓形齿，作业时有弹性，适用于草原和牧场翻耕，可以将杂草根系刨出土壤表面。

图 1-9　弹齿耙

（6）网状耙

网状耙的耙齿由弹簧钢丝弯制而成。前后左右耙齿之间用活动铰链相连，形成一个挠性组。作业时，如网铺地，对地面的适应性较强，适用于犁耕后碎土，也适用于玉米、甜菜等作物疏苗。

（7）滚笼耙

滚笼耙的工作部件是一个横置卧式圆笼，在土壤反力作用下，滚动前进，压碎土块，用于砂壤土耕后的碎土作业，也用于水田整地。

（8）星轮耙

星轮耙的工作部件由许多星轮排列而成耙组。作业时，各星轮在土壤反力作用下，旋转碎土，兼有镇压作用。

2. 耙地方法

常见耙地方法主要有以下 5 种。

（1）顺耙

顺耙是指行进方向与犁耕垡条方向一致，适用于松软土地，有助于土壤破碎和平整。

（2）横耙

横耙是指行进方向与犁耕垡条方向垂直，切土、碎土和平土效果强，但阻力大且机具颠簸严重。

（3）斜耙

斜耙是指行进方向与犁耕垡条方向成 45° 角，起良好的切土、碎土、平土作用，机具行走平稳。

（4）直耙

直耙是指顺着犁耕垡条方向耙，适用于土地平整，去除不平整和杂草根。

（5）横直交替耙

横直交替耙是指先进行横耙，再进行直耙。这种方法有助于彻底破碎土块和土地平整。

根据土地的具体情况和作物的需求，选择耙地方法，以达到最佳的耕作效果。

三、镇压

1. 镇压的时机选择

使用镇压器（见图1-10），可以压碎、压实表层土壤，增强土壤毛细管作用，起保持土表湿润的作用。镇压时间可以在播前或播后。当土壤过于疏松或有架空，且作物种子较小时，宜进行播前镇压，既能保证播种均匀，又有利于破土出苗。对于种子较大而且较易出苗的作物，进行播后镇压，可以使种子和土壤紧密接触，有利于种子吸水发芽。

图1-10　镇压器

2. 注意事项

镇压必须在地面较干燥时（比适耕时的含水量稍小）进行，否则会使土壤板结。

四、开沟作畦

畦是用土埂、沟或走道分隔成的作物种植小区。作畦有利于灌溉和排水。畦分为平畦、高畦。作畦时使用作畦机、犁、锹、铲等。

五、播前灌溉技术

1. 播前灌溉的意义

为了保证种子萌发和苗期用水，播前需进行灌溉。

2. 拟定灌水定额的方法

灌溉定额是指作物全生育期历次灌水定额之和。灌溉作物分若干次进行，播前及生育期内的每次灌溉量称为灌水定额。灌水定额是指某一次灌水时每亩田的灌溉量。

灌溉量的分配是指灌水次数和每次的灌水定额根据棉花生育期的需水要求和灌溉方式、方法而变化。棉花需水规律见表1-1。

表1-1 棉花需水规律

生育期	田间土壤含水量/%	生长目标
种子萌发期	60~70	全苗，保证亩株数
苗期	55~65	蹲苗，促根系下扎
蕾期	60~70	发棵，促分化早现蕾、多现蕾
花铃期	70~80	生殖生长，多结铃，结大铃
吐絮期	55~60	增加铃重

学习单元 2　犁地

了解犁地技术。

一、操作准备

1. 犁具检查

（1）检查犁铧

仔细检查犁铧的磨损情况。犁铧是直接切入土壤的部件，其刃口必须锋利。如果刃口磨损严重、变钝，会增大犁地的阻力，影响入土性能。检查犁铧是否有裂缝或损坏，如果发现问题应及时更换或修复。例如，如果犁铧刃口磨损超过 2~3 mm，就可能需要更换新的犁铧。

（2）检查犁壁

犁壁主要用于破碎和翻转土垡。检查犁壁表面是否光滑，有无变形或破损。如果犁壁不平整，会导致土垡翻转不均匀，影响犁地质量。同时，确保犁壁与犁铧连接牢固，避免在犁地过程中松动。

（3）检查调节机构

检查耕深调节机构和耕宽调节机构能否正常工作。耕深调节机构可以通过改变犁具的悬挂位置或液压系统来控制犁地深度。确保调节手柄或操纵杆灵活，能够准确地调整到所需的深度和宽度。例如，对于悬挂式犁，要检查液压悬挂系统是否泄漏，确保稳定地控制犁具升降。

2. 土地准备

（1）清理杂物

在犁地前，要清理土壤表面的杂物，如石头、树根、残茬等。这些杂物可能损坏犁具，影响犁地顺畅进行。对于较大的石头，可以用锄头或铲子将其挖出；对于残茬较多的土地，如收割后的玉米地或稻田，可以考虑先进行浅耕或耙地，将残茬切碎或掩埋一部分，以便后续犁地。

（2）观察土壤湿度

土壤湿度对犁地效果有很大影响。太湿的土壤容易形成泥团，黏附在犁具上，增大阻力，并且导致犁出的土垡不整齐；太干的土壤坚硬，犁地费力。一般来说，土壤湿度以手握成团、落地即散为宜。如果土壤过湿，可以等待一段时间，让土壤自然风干；如果土壤过干，可以在犁地前适当灌溉。

二、犁地操作过程中的要点

1. 入土操作

（1）调整入土角度

启动拖拉机等动力机械，使犁具缓慢前进，通过调节犁具的入土角度让犁铧顺利切入土壤。对于悬挂式犁，可以通过操纵液压系统来调整入土角度。合适的入土角度一般为30°~45°，可以使犁铧更容易地破开土壤，同时减小阻力。如果入土角度过大，犁铧可能扎入土壤过深，导致犁架抬起，影响犁地的稳定性；如果入土角度过小，则犁铧可能无法顺利入土。

（2）控制入土速度

入土速度要慢，让犁铧有足够的时间和力量切入土壤。一般来说，开始时，入土速度可以控制在1~2 km/h。待犁铧完全入土后，再逐渐加快速度。

2. 控制犁地深度

（1）调节方式

根据作物种类和土壤条件，确定犁地深度。可以通过耕深调节机构进行调节。位调节方式是通过改变犁具的悬挂高度来调节犁地深度；力调节方式则是根据犁具在工作过程中受到的土壤反力，自动调节犁地深度。例如，种植深根系作物（如棉花、甘薯等）时，犁地深度可以达到25~30 cm；种植浅根系作物（如蔬菜）时，犁地深度为15~20 cm即可。在调节犁地深度时，要结合实际情况，避免过深或过浅。

（2）检查犁地深度

在犁地过程中，要经常检查犁地深度是否均匀。可以通过观察犁沟的深度或使用深度测量工具（如深度尺）来检查。如果发现犁地深度不均匀，可能是平整度问题、犁具调节不当或动力机械行驶不稳定等导致的，要及时调整。

3. 翻转土垡操作

（1）观察土垡状态

在犁地过程中，犁壁负责破碎和翻转土垡。在犁地时，注意观察翻转土垡的情况，确保按照预定的方向（如向右或向左）整齐地翻转土垡。如果翻转土垡不整齐，可能是犁壁的曲面形状不合适、犁具的前进速度不均匀或土壤质地差异等造成的。

（2）调整犁具的前进速度和角度

适当的犁具前进速度和角度有助于翻转土垡。一般来说，犁具的前进速度适中，可以使翻转土垡更加自然。如果犁具的前进速度过快，土垡可能破碎不完全，翻转混乱；如果犁具的前进速度过慢，则会降低工作效率。同时，根据翻转土垡的情况，适当调整犁具的角度，保证土垡顺利地覆盖在犁沟上。

三、犁地后的整理工作

1. 检查犁地质量

（1）检查平整度

犁地完成后，检查平整度。观察犁沟是否深浅一致、宽窄均匀，土壤表面是否有明显的凸起或凹陷。如果土地不平整，会影响后续播种和灌溉等操作。对于不平整的地方，可以使用耙地农具进行简单的平整。

（2）检查土垡破碎情况

检查土垡的破碎情况是否符合要求。如果土垡过大，会影响种子与土壤接触，不利于作物生长。可以用手或工具压碎土垡，检查其大小。如果土垡过大，可能需要进一步耙地或旋耕等作业，破碎土垡。

2. 保养犁具

（1）清洁工作

犁地结束后，可以使用刷子或高压水枪等工具，及时清理犁具上的泥土和杂物。特别要清理干净犁铧和犁壁上的泥土，防止泥土干结，影响犁具的性能。

（2）检查和润滑部件

再次检查犁具的各个部件，如果发现松动的螺栓或损坏的零件，要及时紧固或更换。对犁具的活动部件，如调节机构的关节部件、犁铧与犁壁的连接部件等，使用合适的润滑剂（润滑油或润滑脂）进行润滑，以延长犁具的使用寿命。

学习单元3　轮作倒茬与基肥施用

掌握轮作倒茬的方式、方法与基肥施用的方法。

知识要求

一、轮作倒茬

1. 轮作倒茬的概念

轮作倒茬是指在同一块土地上，按照一定的顺序，在不同的季节或年份，轮换种植不同种类的作物。例如，今年种植棉花，明年种植玉米，后年种植大豆。这种有计划地更换种植作物的方式称为轮作倒茬。它是一种农业种植制度，主要目的是合理利用土地资源，保持土壤肥力，同时减少病虫草害的发生。

2. 轮作倒茬的意义

（1）保持和增强土壤肥力

不同的作物对土壤养分的需求和吸收利用的方式不同。例如，豆科作物（如大豆）有根瘤菌，能固定空气中的氮素，增大土壤的含氮量。在豆科作物收获后，土壤的含氮量相对增大，后续种植需氮量较大的禾本科作物（如玉米），就可以利用这些氮素。而且，不同作物的根系在土壤中的分布深度和范围也不同，深根系作物可以吸收深层的土壤养分，浅根系作物主要吸收浅层的土壤养分。通过轮作倒茬，全面地利用各层的土壤养分，避免某一层的土壤养分过度消耗，从而保持土壤肥力。

（2）减少病虫草害

许多病虫草害具有一定的寄主范围。连续种植同一种作物会使针对该作物的病原菌、害虫和杂草大量滋生。例如，在连年种植棉花的情况下，黄萎病病原菌在土壤中不断积累，导致病害逐年加重。而通过轮作倒茬，改变了病原菌和害虫的生存环境，使其因缺少适宜的寄主而数量减少。不同作物的种植方式和生育期会影响杂草生长。例如，对于一些伴生在棉田的杂草，在轮作种植玉米后，由于玉米的生长习性和田间管理方式不同，杂草生长会受到抑制。

（3）改善土壤结构和土壤微生物环境

作物的根系分泌物和残茬对土壤结构和土壤微生物群落有重要影响。例如，禾本科作物的根系分泌物可以促进土壤团聚体形成，增强土壤通气性和透水性。而不同作物的残茬在土壤中分解，为土壤微生物提供不同的有机质，丰富土壤微生物的种类和增加数量。轮作倒茬能够使土壤微生物环境更加多样化，有利于保证土壤生态系统稳定和健康，增强土壤的自我调节能力。

3. 轮作倒茬的基本原则

（1）根据作物特性安排轮作倒茬的顺序

要考虑作物的科属关系，尽量避免同科作物连作。因为同科作物往往会感染相同的或相似的病害。同时，还要考虑作物对土壤养分的需求，将需肥特性不同的作物进行轮作倒茬。

（2）根据气候条件和土壤条件选择作物

不同的气候条件和土壤条件适合不同的作物生长。在干旱地区，应优先选择耐旱作物进行轮作倒茬，如高粱、谷子等。在土壤肥力较弱的地区，可以先种植绿肥作物（如紫云英）来改良土壤，再种植其他作物。同时，考虑土壤酸碱度、土壤质地等因素。例如，在酸性土壤中，可以种植一些耐酸性较强的作物，并与对土壤酸碱度要求不同的作物进行轮作倒茬，以调节土壤酸碱度。

（3）根据经济效益和市场需求选择作物

选择轮作倒茬的作物要兼顾经济效益和市场需求。选择市场需求稳定、价格合理的作物进行轮作倒茬。同时，考虑作物的生长周期和收获时间，确保土地持续产出，满足市场需求，提高农民的经济收入。

4. 轮作倒茬的方式、方法

（1）简单轮作

简单轮作是最基本的轮作倒茬方式，是指将两种或几种作物按一定的顺序轮流种植。例如，在一年一熟地区，将棉花－玉米轮作，第一年种植棉花，收获后第二年种植玉米。简单轮作操作简单，容易掌握，适用于土地面积较大、种植作物种类相对较少的地区。在具体操作时，注意在棉花收获后，整理土地，如深耕、施肥等，为种植玉米创造良好的土壤条件。

（2）复杂轮作

复杂轮作是指涉及 3 种以上作物的轮作倒茬方式，并且轮作倒茬的周期可能较长。例如，在一个三年轮作倒茬的周期中，采用小麦－玉米－棉花的轮作倒茬方式。复杂轮作能够更充分地利用土壤养分，减少病虫草害的效果也更显著。在进行复杂轮作时，根据作物的生育期和季节，安排种植时间。例如，一般在秋季种植小麦，夏季收获；在小麦收获后，及时种植玉米，秋季收获；可以在春季种植棉花，经过一个生长季，在秋季收获，要合理衔接每种作物的种植和收获环节。

（3）间作套种与轮作相结合

间作套种与轮作相结合是指在同一块土地上，同时采用间作套种和轮作的方式。例如，在果园中，行间套种棉花。这种轮作倒茬方式可以在空间和时间上充分利用土地资源，提高土地的综合效益。采用间作套种与轮作相结合，需注意作物的相互影响，如阳光、土壤水分和土壤养分竞争等，选择合适的作物和种植方式，确保每种作物正常生长。

二、基肥施用

1. 基肥的概念及特点

（1）概念

基肥是在播（或定植）前、多年生作物在生长季开始前，结合土壤耕作施用的肥料。基肥是为作物全生育期提供基本养分的肥料，主要来源于有机肥、化肥或两者混合。例如，在种植棉花前，将农家肥和适量的复合肥料施入土壤，这些肥料就是基肥。

（2）特点

1）施用量较大。基肥的施用量一般比追肥大，因为要满足作物生长初期和长期对养分的需求。例如，在一块土壤肥力中等的土地上，种植棉花，有机肥的每亩施用量为 $2\sim3\ m^3$，化肥（如复合肥料）的每亩施用量为 $30\sim50\ kg$。

2）肥效持久。基肥中的养分释放相对缓慢，能够在较长时间内为作物提供养分。尤其是有机肥，经过土壤微生物分解，逐渐释放氮、磷、钾等养分，持续供给作物吸收、利用。例如，将腐熟的堆肥施入土壤后，其养分可以在几个月甚至几年内持续发挥作用，为作物生长提供稳定的养分。

2. 基肥的作用

（1）提供基础养分

在生长初期，作物需要足够的养分支持根系发育、叶片生长等。基肥可以提供大量的氮、磷、钾等主要养分元素。例如，将磷肥作为基肥施用，能够促进作物根系生长和发育，增强根系对其他土壤养分的吸收能力。

（2）改善土壤结构和性质

基肥中的有机肥是改善土壤结构的重要物质。有机肥可以增大土壤有机质含量，改善土壤团粒结构。例如，施入腐叶土、厩肥等有机肥后，土壤中的腐殖质增加，使土壤变得疏松透气，有利于作物根系生长。同时，有机肥还能调节土壤酸碱度，缓冲土壤的酸碱变化，为作物营造适宜的土壤环境。

（3）增强土壤的保水性和保肥性

在基肥中的有机肥与土壤颗粒结合后，可以增加土壤的阳离子交换量，增强对土壤养分的吸附和保存能力。例如，在砂壤土中，将有机肥作为基肥，能够减少养分淋失，使土壤更好地保持肥料中的养分。同时，改善后的土壤结构能够提高土壤孔隙度，增强土壤的保水性，在干旱时期为作物提供水分。

3. 基肥的施用方法

（1）全层施肥

全层施肥是指将基肥均匀地撒施在土壤表面，然后通过翻耕将肥料翻入整个耕作层。全层施肥适用于种植密度较高、根系分布较浅的作物。先将基肥（如复合肥料、有机肥）均匀撒施在土壤表面上，然后用犁具或旋耕机将肥料翻入土壤15～20 cm的深度。全层施肥能够使肥料与土壤充分混合，为作物根系提供均匀的土壤养分。

（2）集中施肥

集中施肥是指将基肥集中施在作物根系附近或种植沟、种植穴内。集中施肥适合肥料施用量较小、作物根系集中或需要重点施肥的情况。将基肥（如有机肥、磷肥）集中施入种植沟，然后覆土，可以使肥料更接近根系，提高肥料的利用率，尤其对于一些移动性较弱的养分（如磷），集中施肥的效果更强。

（3）分层施肥

分层施肥是指根据作物根系的分布特点和肥料的性质，将基肥分层次施入土壤。一般将有机肥、磷肥等长效肥料施在下层，将速效肥料施在上层。首先，在种植沟底部施入有机肥和部分磷肥；其次，在上面覆盖一层土；最后，在表层施入适量的氮肥和钾肥。分层施肥可以满足不同生育期作物对土壤养分的需求，同时也能充分发挥肥料的作用。

学习单元 4 　棉田施肥

掌握棉田施肥的方法。

一、准备工作

1. 肥料准备

基肥以有机肥为主,如腐熟农家肥或商品有机肥,能改善土壤结构和增强土壤肥力。一般农家肥每亩施用量为 2 000~3 000 kg,商品有机肥每亩施用量为 200~300 kg。同时,搭配适量化肥,如 10~15 kg 磷酸二铵、10~15 kg 氯化钾。根据土壤测试结果和棉花品种的需肥特点,调整化肥施用量。

2. 施肥工具准备

对于有机肥,可以使用犁具或旋耕机。犁具用于深埋有机肥,深度可达 20~30 cm;旋耕机能在旋耕过程中均匀混入有机肥。对于化肥,可以用颗粒剂撒施器撒在土壤表面,再通过浅耕施入土壤。

二、施肥方法

1. 撒施与深耕结合

将有机肥和化肥混合作为基肥,将肥料均匀撒在土壤表面。撒完后,用拖拉机牵引深耕犁进行深耕,深度为 20~30 cm,使肥料与土壤充分混合。

2. 条施或穴施(精准施肥)

对于棉田土壤肥力差异较大的区域或对土壤养分要求高的棉花品种,采用条施或穴施。条施是指按行距,开施肥沟,深度为 15~20 cm、宽度为 10~15 cm,将肥料均匀施入施肥沟后,覆土。穴施是指在棉花种植穴内,施肥,每穴施适量肥料后,覆土,等待播种或移栽。

三、注意事项

1. 了解土壤条件

不同土壤质地的土壤肥力、土壤酸碱度、保肥性等各不相同。例如,砂壤土的保肥性弱,施肥时,要遵循少量多次的原则;而黏土的土壤通气性欠佳,可以适当增施有机肥来改善土壤结构,并合理控制施肥量,避免肥料积累过多造成肥害。同时,检测土壤酸碱度也很关键。对于酸性土壤,适合施用碱性肥料,对于碱性土壤，则可施用酸性肥料，以营造适宜大多数作物生长的土壤环境。

2. 及时灌溉

基肥大多是固态的有机肥、化肥等。土壤干燥时，肥料难以充分溶解，其所含的养分不能很好地扩散到土壤中。及时灌溉可以使肥料颗粒与水充分接触，快速溶解，并随着水分在土壤孔隙间移动，使养分分布更均匀，便于作物根系吸收、利用。

3. 控制水量

当漫灌的水量过大时，水流速度加快且流量加大，会裹挟大量溶解在水中的肥料，快速向土壤深层渗透或者直接流出棉田。例如，在一些地势较为平坦、排水口设置不合理的棉田中，漫灌后，水和肥料很容易从排水口大量流出，导致肥料流失。而且土壤的保水性弱，多余的水会形成地表径流，裹挟肥料一起流出棉田。

培训课程 2 农资准备

学习单元 1　肥料选择与储藏

掌握常用肥料的种类及性质。

一、常用肥料的种类及性质

1. 有机肥

（1）种类及来源

农家肥是最常见的有机肥，包括堆肥、厩肥、沤肥等。

1）堆肥。堆肥是将作物的秸秆、落叶、杂草等堆积起来，经过土壤微生物发酵而成的。例如，在农村，将玉米秸秆、麦秸等堆积在一起，加入适量的人畜粪便和水，经过几个月的发酵，就可制成堆肥。

2）厩肥。厩肥主要是家畜（如牛、马、羊等）的粪便和垫料的混合物，含有丰富的有机质和各种养分。

3）沤肥。沤肥是在相对密闭的环境下，利用有机质（如绿肥作物、动植物残体等），加水进行发酵制成的肥料。

（2）成分及作用

1）养分全面。有机肥含有大量的有机质，如腐殖质，还含有氮、磷、钾等大量元素和铁、锰、锌等微量元素。这些养分多以有机态存在，需要经过土壤微生物分解才能被棉花吸收、利用，肥效相对持久。有机肥中的氮素可以促进棉花植株生长，使叶片翠绿、枝繁叶茂；磷素有助于棉花根系发育和花芽分化；钾素能增强棉花的抗逆性，提高棉花品质。

2）改良土壤。有机肥可以改良土壤物理性质，使土壤变得疏松透气，提高土壤孔隙度，有利于棉花根系生长。有机肥含有腐殖质可以改善土壤结构，增强土壤的保水性和保肥性。同时，有机肥还能调节土壤酸碱度，缓冲土壤的酸碱变化。例如，在酸性土壤中，有机肥中的碱性物质可以中和酸性土壤，为棉花营造适宜的土壤环境。

2. 无机肥

无机肥通常是指用化学和（或）物理方法制成的含有一种或几种作物生长需要的营养元素的肥料，也称为化学肥料，简称化肥。无机肥按照种类大致可分为氮肥、磷肥、钾肥、复混肥料（复合肥料和混合肥料的总称）、中量元素肥料和微量元素肥料。

（1）氮肥的种类及成分

1）尿素。尿素是一种含氮量较大（46%左右）的氮肥，呈白色颗粒状。它是一种中性肥料，易溶于水，施入土壤后，在脲酶的作用下分解为铵态氮和二氧化碳。例如，在棉花生长旺盛期，追施尿素可以迅速为棉花提供氮素，促进棉花植株生长。

2）碳酸氢铵。碳酸氢铵的含氮量为17%左右，是一种速效氮肥。它具有较强的挥发性，易分解为氨气、二氧化碳和水。因此，在储存和施用时，注意防止氨挥发损失。例如，在高温、通风良好的环境下，会加快碳酸氢铵中氨的挥发速度。

（2）磷肥的种类及成分

1）过磷酸钙。过磷酸钙的主要成分是磷酸一钙，含磷量（P_2O_5）为12%~18%。过磷酸钙是一种水溶性磷肥，呈灰白色粉末状或颗粒状。将过磷酸钙施入土壤后，磷酸一钙很快溶解，其中的磷酸根离子容易被土壤固定，所以最好与有机肥混合施用，以减少磷的固定。例如，在棉花基肥中加入过磷酸钙和农家肥，能够提高磷肥的利用率。

2）钙镁磷肥。钙镁磷肥的含磷量（P_2O_5）为14%~20%，是一种枸溶性磷肥，不溶于水，但溶于弱酸。其颜色一般为灰绿色或灰褐色。钙镁磷肥除了含有磷元素外，还含有钙、镁等元素，对改善土壤结构和补充棉花所需的中量元素起一定的作用。

（3）钾肥的种类及成分

1）氯化钾。氯化钾的含钾量（K_2O）为60%左右，是一种速效钾肥，易溶于水。它是白色或浅黄色晶体。氯化钾在土壤中的移动性较强，但长期大量施用可能导致土壤中氯离子积累，对一些忌氯作物（如烟草等）造成不良影响。棉花对氯离子有一定的耐受性。

2）硫酸钾。硫酸钾的含钾量（K_2O）为50%~54%，也是一种水溶性钾肥。它呈白色晶体状或粉末状，是一种生理酸性肥料。硫酸钾在土壤中不易被固定，更适合在一些对氯敏感的土壤中或作物上施用，能为棉花提供钾素，增强棉花的抗倒伏性和抗病虫害能力。

（4）常用复混肥料

常用复混肥料按照生产工艺或加工方法可分为复合肥料、混合肥料和掺合肥料。常用复合肥料包括NPK复合肥料（含氮、磷、钾3种养分中至少2种的复合肥料）、复合微量元素肥料及刺激作物生长调控的新型功能性复合肥料。复合肥料结合了多种养分，可为作物提供所需的全面营养，施用方便，能提高肥料的利用率。

（5）常用微量元素肥料

常用微量元素肥料包括硫酸锌（$ZnSO_4$）、硫酸铜（$CuSO_4$）、硫酸铁（$FeSO_4$）、硼酸（H_3BO_3）等。微量元素肥料主要提供作物生长所需的微量元素，促进作物的正常生理功能。通常施用量较小，但对作物生长至关重要。

3. 液体肥料

（1）大量元素液体肥料

大量元素液体肥料主要包含氮、磷、钾等大量元素。例如，尿素硝铵肥料溶液是一种常见的含氮液体肥料，含有硝态氮和铵态氮，能被棉花快速吸收，为棉花生长提供充足的氮素。磷酸二氢钾溶液富含磷和钾，对于棉花的花芽分化、果实发育和增强抗逆性等方面起重要作用。

（2）微量元素液体肥料

微量元素液体肥料包括硼、锌、铁、锰、铜、钼等微量元素。硼肥溶液可以增强棉花的花粉生活力和提高受精成功率，减少蕾铃脱落；锌肥溶液有助于棉花的光合作用和生长素合成，增强棉花的抗逆性。

（3）有机液体肥料

有机液体肥料主要由发酵动植物残体等工艺制成，如氨基酸类液体肥料、腐殖酸类液体肥料等。氨基酸类液体肥料可以为棉花提供有机氮源和多种活性物质，促进棉花新陈代谢和生长发育；腐殖酸类液体肥料能改善土壤结构，增强土壤的保水性和保肥性，同时提高棉花对养分的吸收利用率。

二、肥料储藏

1. 库房的条件

（1）干燥通风

应保持库房干燥，避免雨水渗漏和地面返潮。最好采用防潮材料铺设地面，如水泥。地面要有一定的坡度，便于排水。通风条件要好，安装通风设备（如排风扇），保证库房内空气流通。例如，在潮湿的季节，良好的通风可以降低库房内的湿度，防止肥料受潮结块。

（2）温度适宜

大部分肥料在常温下储存即可，但要避免高温。一般库房温度以 $0 \sim 30$ ℃ 为宜。高温可能加速肥料分解或变质。例如，碳酸氢铵在高温下容易分解，导致氮素损失。同时，过低的温度也可能对某些肥料造成不良影响。例如，在寒冷的北方地区，一些液体肥料可能被冻结，影响其肥效。

（3）防火防盗

库房应远离火源，因为有些肥料（如硝酸铵等）属于易燃易爆品。在库房周围应设置防火墙或防火隔离带，在库房内配备消防器材（如灭火器、消防沙等）。同时，要采取防盗措施，安装门窗防护栏和监控设备，防止肥料被盗。

2. 注意事项

（1）分类存放

根据种类及性质存放肥料。例如，将氮肥、磷肥、钾肥等分类存放，避免不同肥料之间发生化学反应。特别是不能将铵态氮肥（如碳酸氢铵）与碱性肥料（如石灰）放在一起，否则会发生化学反应，导致氨挥发损失。同时，要将有机肥和无机肥分类存放，因为有机肥在分解过程中，可能产生有机酸等物质，对无机肥的稳定性造成影响。

（2）密封保存

对于易挥发的肥料（如碳酸氢铵、氨水等）和易吸湿的肥料（如过磷酸钙等），要密封保存。可以使用密封性良好的包装袋或容器，如塑料桶、编织袋等。在密封保存前，确保肥料的含水量在合理范围内，避免因含水量过大导致肥料变质。

（3）标识清晰

应将库房内的肥料摆放整齐，并有清晰的标识。标识内容包括肥料的名称、成分、生产日期、保质期等。在取用时，能够方便快捷地找到所需的肥料，并且可以及时了解肥料的质量情况，避免施用过期或变质的肥料。

学习单元2　棉田肥料识别

掌握常用肥料识别的方法。

一、氮肥

1. 尿素

尿素的外观为白色颗粒状，含氮量≥46.0%，易吸湿，吸湿性介于硫酸铵与硝酸铵之间。纯尿素在常压下加热到接近熔点时，开始显现不稳定性，产生缩合反应，生成缩二脲，失去肥效。将尿素颗粒放在铁片上加热，尿素很快熔化，并挥发，同时冒出少量白烟，闻到氨味。

2. 硫酸铵

农用硫酸铵的外观为白色或浅色，副产品为微黄色或灰色晶体，含氮量≥20.8%（二级品）。易吸湿，易溶于水，水溶液呈酸性，与碱类物质作用放出氨气。将硫酸铵放在火上加热，硫酸铵缓慢熔化，并闻到氨味和二氧化硫味。

3. 硝酸铵

硝酸铵的外观为白色，无肉眼可见的杂质，农用品允许带微黄色，含氮量≥34.4%（二级品）。具有很强的吸湿性，易结块，其水溶液在温度变化时，会出现重结晶现象，对热的作用十分敏感。大量的硝酸铵受热易分解，出现燃烧现象，并伴有白烟，可闻到氨味，水溶液呈酸性。

4. 氯化铵

氯化铵的外观为白色晶体，农用品允许带微黄色，含氮量为22.5%~25%，易溶于水，在水中的溶解度随温度升高而显著提高，水溶液呈酸性，吸湿性强，易结块。将少量氯化铵放在火上加热，可闻到强烈的刺激性气味，并伴有白色烟雾，氯化铵会迅速熔化并全部消失。在熔化的过程中，可见未熔部分呈黄色。

5. 碳酸氢铵

碳酸氢铵的外观为白色或微灰色晶体，有氨味，含氮量≥16.8%（二级品），吸湿性强，易溶于水，水溶液呈弱酸性。将少量样品进行摩擦，即可闻到较浓的氨味。

二、磷肥

1. 过磷酸钙

过磷酸钙的外观为深灰色、灰白色、浅黄色等疏松粉状物，块状物中有许多细小的气孔，俗称"蜂窝眼"。过磷酸钙的有效成分是五氧化二磷，含量≥12.0%（合格品）。过磷酸钙稍带酸味，是一种酸性化学肥料，对碱的作用敏感，易失去肥效。一部分过磷酸钙能溶于水，水溶液呈酸性。

2. 钙镁磷肥

钙镁磷肥的外观为灰白色、灰绿色或灰黑色粉末，看起来极细，在阳光的照射下，一般可见粉碎的、类似玻璃的物体，闪闪发光。五氧化二磷的含量≥12.0%（合格品）。钙镁磷肥不溶于水，不易流失，不吸湿，无毒性，无腐蚀性。在火上加热钙镁磷肥，无明显变化。

三、钾肥

1. 硫酸钾

硫酸钾的外观为白色晶体或粉末，无气味，硬度较高。将硫酸钾放在铁片上加热，无明显变化，有爆裂声。

2. 氯化钾

氯化钾的外观为白色或淡红色晶体，无气味，水溶性较强。将氯化钾放在铁片上加热，无明显变化，有爆裂声。

四、复合肥料

1. 外观

复合肥料的外观应是灰褐色或灰白色颗粒状，无可见杂质。颗粒大小相对一致，表面光滑，不易吸湿和结块。若颗粒大小不均、粗糙、湿度高、易结块，基本可断定为假的复合肥料。

2. 水溶性

复合肥料能部分溶于水。将常用复合肥料在火上加热时，冒白烟，并可闻到氨味，不能全部熔化。

五、有机肥

1. 粉状有机肥

将合格的粉状有机肥放在水中，通常是漂浮的，因为有机质比水轻；若直接下沉，则可能有问题。

2. 粒状有机肥

将粒状有机肥放在水中，溶解度越高越好，沉淀越多越不好。

3. 腐熟程度

有一点清香、酒糟味的，是腐熟比较好的有机肥；灰白色的可能是腐熟过度的有机肥；优质的有机肥通常质地滑溜干松，攥成团一碰会散。

学习单元3　种子知识

了解种子的基本知识、种子休眠和种子萌发。

一、种子的基本知识

1. 种子的概念

棉花种子是由胚珠发育而来的繁殖器官。从植物学的角度看，棉花种子被包裹在棉铃内部，棉铃开裂后，才会露出棉花种子。棉花种子属于双子叶植物种子，包括种皮、胚和胚乳遗迹（在发育过程中胚乳被胚吸收，仅留下遗迹）。从农业生产的角度，优质的棉花种子是棉花种植的基础，决定了棉花的产量和品质。例如，棉花种子的大小、饱满程度等会影响种子发芽率和种苗生长势。

2. 种子的形态构造和成熟过程

（1）形态构造

棉花种子呈卵形，一般为黑色或棕褐色。种皮坚硬，表面有短绒（毛籽）或光滑（光籽）。种皮的主要作用是保护内部的胚。胚由胚芽、胚轴、胚根和子叶组成。子叶有两片，比较肥厚，储存大量的营养物质，为棉花种子萌发和棉苗早期生长提供能量。在棉花种子的内部，还可以看到胚乳退化后的遗迹。在棉花种子发育过程中，胚乳已将大部分营养物质转移到子叶中。

（2）成熟过程

棉花种子的成熟过程伴随着棉铃成熟。棉铃从开花受精后开始生长发育，经过一定的时间后，棉铃内部的种子逐渐发育成熟。在生理成熟阶段，棉花种子的胚已基本发育完全，具有发芽能力，但此时棉铃还未完全成熟。成熟时，棉铃充分开裂，棉花种子的颜色、大小、硬度等达到品种特征，含水量减小，此时适合收获棉花种子。通常在棉铃吐絮后，棉花种子形态成熟，含水量为 10%～12%。

3. 种子活力和种子寿命

（1）种子活力

种子活力是指棉花种子在田间条件下迅速整齐萌发并长成正常棉苗的能力。种子活力高的棉花种子在播后，发芽快且整齐，棉苗健壮，能够更好地抵抗病虫害和不良环境条件。例如，种子活力高的棉花种子在轻微干旱或低温天气时，仍能保持较高的种子发芽率，并且棉苗生长速度快，有利于棉花早熟高产。种子活力可以通过发芽试验、电导率测定等方法来评估。

（2）种子寿命

种子寿命受多种因素影响。在一般储存条件下，棉花的种子寿命为 3~5 年。如果储存条件良好，可以延长种子寿命。棉花种子本身的质量（如成熟度、含水量）对种子寿命的影响很大。例如，成熟度高、含水量小的棉花种子在适宜的储存条件下，可以保存较长时间。同时，储存环境的温度、湿度、含氧量等也会影响种子寿命。

4. 种子休眠和种子萌发

（1）种子休眠

种子休眠主要由于种皮的限制和内部存在抑制萌发的物质。种皮坚硬且透气性弱，阻碍了棉花种子吸收氧气和水分。此外，棉花种子内部有一些如棉酚等抑制物质，会抑制胚芽萌发。为了防止种子休眠，通常可以采用浓硫酸处理种皮（腐蚀种皮，改善透气性）或温水浸种等方法，促进种子萌发。

（2）种子萌发

种子萌发需要适宜的外界条件。

1）充足的水分。水分可以使种皮软化，促进棉花种子内部的生理生化反应，同时使子叶中的营养物质被胚吸收、利用。

2）适宜的温度。棉花种子萌发的适宜温度一般为 12~15 ℃。在 25~30 ℃ 时，种子萌发的速度最快，但容易出现一些不良现象，如呼吸作用过于旺盛，消耗过多养分，不利于壮苗。

3）足够的氧气。因为在种子萌发过程中，需要进行有氧呼吸来提供能量。

当满足这些外界条件时，胚根首先突破种皮向下生长，随后胚芽向上生长，形成棉苗。

二、种子加工

1. 种子加工的一般过程

棉花种子加工包括多个环节。

（1）粗选

1）筛选。使用不同规格的筛子，依据棉花种子与杂质颗粒大小的差异，去除如石块、土块、较大的棉秆碎片等大颗粒杂质，以及灰尘、细沙等小颗粒杂质，使棉花种子大小相对均匀。例如，通过多层筛网，将较大杂质留在上层筛网，较小杂质透过下层筛网，而符合尺寸要求的棉花种子留在中间层筛网，达到初步分离杂质的目的。

2）风选。因为棉花种子和部分杂质（如瘪籽、残花等）在质量和空气动力学特性方面不同，借助风力的作用，可以让较轻的杂质被风吹走，较重的棉花种子则留下，被收集起来，进一步净化棉花种子，提高种子纯净度。

（2）脱绒

1）机械脱绒。使用专门的机械脱绒设备，通过摩擦、揉搓等机械作用力，去除棉花种子表面附着的短绒。机械脱绒效率较高，适合大规模的棉花种子加工，注意控制机械脱绒设备的力度，避免损伤棉花种子，影响种子发芽率和种子活力。

2）化学脱绒。采用化学药剂（如硫酸等）与棉花种子表面的短绒发生化学反应，使短绒碳化、溶解，进而去除短绒。化学脱绒后，通常需要进行充分的清洗和中和处理，确保棉花种子上没有残留有害化学物质。化学脱绒对操作的要求相对严格，要采取防护措施，进行环保处理，防止化学药剂对人体和环境造成危害。

（3）精选

1）按比重选。根据棉花种子和杂质在密度、比重上的区别，使用比重精选设备，让棉花种子和杂质在液体介质（如盐水等）或者气流环境中呈现不同的沉降或悬浮状态，从而实现更精准的分离，选出饱满的、优质的棉花种子，剔除不合格的瘪籽、病种等。

2）按色选。对于一些有颜色差异的棉花种子和杂质，或者经过处理后颜色能反映棉花种子品质的情况，通过色选机识别并剔除颜色异常的棉花种子，如有霉变、病变迹象的棉花种子，保证选出的棉花种子在外观和内在品质上都较为优良。

（4）包衣

1）药剂调配。按照一定的配方，将杀菌剂、杀虫剂、植物生长调节剂、微量元素等与成膜剂等助剂，混合调配成包衣剂。根据棉花种植地区的病虫害特点、土壤肥力状况等因素，有针对性地设计包衣剂的配方。

2）包衣操作。使用专门的种子包衣设备，将调配好的包衣剂均匀地包裹在棉花种子表面上，形成一层薄而牢固的保护膜。保护膜不仅可以有效预防棉花种子在储存和播后，遭受病虫害侵袭，还能在种子萌发初期，缓慢释放所含的营养物质和药剂成分，促进种子萌发，保障棉苗健康生长。

（5）包装和储存

1）包装。将经过加工处理的棉花种子按照规定的质量或数量，装入合适的包装袋，包装袋要具备良好的防潮、防虫、透气等性能，并且要清晰标注棉花种子的品种、来源、质量指标、生产日期等重要信息，方便棉花种子运输、销售和使用。

2）储存。选择干燥、通风、温度适宜（一般建议控制温度为 10~20 ℃，相对湿度为 60%~70%）的环境储存棉花种子，定期检查储存的棉花种子，是否出现受潮、霉变、虫害等情况，确保棉花种子在储存期间保持良好的品质，为播种做好准备。

2. 种子干燥

（1）干燥的目的

干燥是为了减小棉花种子的含水量，防止棉花种子在储存和运输过程中霉变、变质。含水量大的棉花种子呼吸作用强，容易产生热量和水分，导致棉花种子发热、霉变，降低种子活力。例如，当棉花种子的含水量超过 12% 时，在储存过程中就容易出现问题，所以要将棉花种子的含水量减小至安全范围（一般为 8%~10%）。

（2）干燥方法

1）自然干燥。自然干燥是指在阳光充足、通风良好的场地晾晒棉花种子。将棉花种子均匀摊开，厚度一般不超过 10 cm，并且要经常翻动，使棉花种子均匀干燥。自然干燥简单、经济，但受天气影响较大。在晾晒过程中，要避免被雨水淋湿或在烈日下暴晒时间过长，损伤棉花种子。

2）机械干燥。机械干燥是指使用种子干燥机干燥棉花种子。可以根据棉花种子的初始含水量和最终要求的含水量，设置温度、时间和通风量等参数。例如，使用热风干燥机，一般控制温度为 40~50 ℃，通过热空气循环使棉花种子快速干燥。机械干燥的效率高、质量好，但需要专业的设备和操作技术。

3. 种子分级

（1）种子分级的标准

棉花种子分级主要根据棉花种子的大小、质量、饱满程度等物理属性。一般按照国家标准或行业标准，根据种子发芽率、品种纯度、种子纯净度等指标分为不同等级。例如，一级种子的种子发芽率、品种纯度等指标较高，种子饱满、大小均匀。棉花种子质量最低要求见表1-2。

表 1-2　棉花种子质量最低要求

作物名称	种子类型	种子类别	品种纯度不低于/%	种子纯净度（净种子）不低于/%	种子发芽率不低于/%	含水量不大于/%
棉花常规种	棉花毛籽	原种	99.0	97.0	70	12.0
		大田用种	95.0			
	棉花光籽	原种	99.0	99.0	80	12.0
		大田用种	95.0			
	棉花薄膜包衣籽	原种	99.0	99.0	80	12.0
		大田用种	95.0			
棉花杂交种亲本	棉花毛籽		99.0	97.0	70	12.0
	棉花光籽		99.0	99.0	80	12.0
	棉花薄膜包衣籽		99.0	99.0	50	12.0
棉花杂交一代种	棉花毛籽		95.0	97.0	70	12.0
	棉花光籽		95.0	99.0	80	12.0
	棉花薄膜包衣籽		95.0	99.0	80	12.0

注：种子包括转基因种子。

（2）种子分级的作用

分级后的棉花种子便于机械化播种，保证播种深度和播种密度的一致性，使棉花种子在田间萌发和生长更加整齐。同时，有利于棉花种子的销售和定价，可以根据棉花种子等级确定价格。

三、种子储藏

1. 种子储藏管理

（1）人员管理

棉花种子储藏需要专业人员进行管理。管理人员要熟悉棉花种子的特性，如棉花种子的含水量、种子休眠的特性、对环境条件的要求等。要定期检查棉花种子的储藏情况，包括棉花种子的温度、湿度、有无霉变等。同时，做好棉花种子进出库记录，详细记录棉花种子的品种、数量、来源、进出库日期等信息，以便追溯和管理。

（2）环境监测与调控

要在棉花种子库中安装温湿度监测设备，实时监测环境的温度和湿度。棉花种子储藏适宜的温度一般为 10~15 ℃，相对湿度为 50%~60%。当温度或湿度超出适宜范围时，要及时采取措施进行调控。例如，通过通风设备调节湿度，使用空调或制冷设备控制温度。同时，注意种子库通风换气，保证种子库内空气新鲜，减少有害气体积累。

（3）质量检查

定期对储藏的棉花种子进行质量检查。质量检查内容包括棉花种子的含水量、种子发芽率、品种纯度、种子纯净度等。可以采用抽样的方法，抽取一定数量的棉花种子样本进行检查。例如，每月抽取部分棉花种子进行发芽试验，观察种子发芽率是否下降。如果发现棉花种子质量下降，要及时分析原因，并采取相应的措施，如调整储藏条件或对棉花种子进行处理。

2. 种子储藏技术

（1）仓库储藏

采用仓库储藏棉花种子时，要保持仓库干燥、通风良好。棉花种子要放在货架或托盘上，避免直接接触地面，防止受潮。在棉花种子堆中，可以放置干燥剂或通风管，以吸收水分和保证空气流通。同时，要采取防虫、防鼠措施，如在仓库周围设置防虫网，放置捕鼠器等。对仓库的墙壁和地面，进行防潮处理，如铺设防潮垫或涂刷防潮涂料。

（2）低温储藏

利用低温环境延长棉花种子寿命。可以采用机械制冷的方式，控制棉花种子库的温度为 5~10 ℃。低温可以抑制棉花种子的呼吸作用，减少营养物质消耗和有害物质产生。在低温储藏时，注意选择具有良好保温性能和防潮性能的包装材料，如塑料密封包装袋。同时，要定期检查棉花种子的含水量，防止棉花种子在低温、高湿环境下受潮或遭受冻害。

（3）气调储藏

通过调节储藏环境中的气体成分来保存棉花种子。一般减小含氧量，增大二氧化碳含量。例如，控制含氧量为 3%~5%，二氧化碳含量为 5%~8%，可以抑制棉花种子的呼吸作用，减少氧化反应对棉花种子的损害。气调储藏需要良好的密封设备，如气密门、密封窗等，以保证气体成分稳定。同时，要定期监测气体成分和棉花种子质量，及时调整储藏条件。

学习单元 4　优良棉花品种鉴别

掌握优良棉花品种鉴别的方法。

一、棉花品种选择

通过国家或地方农作物品种审定委员会审定是鉴别优良农作物品种的重要依据。这些农作物品种在经过严格的区域试验、生产试验后，证明在产量、品质、抗逆性等方面表现良好。在我国，棉花品种需要通过国家农作物品种审定委员会审定，对于通过审定的棉花品种，会颁发品种审定证书，注明棉花品种的名称、选育单位、适宜种植区域等信息。应结合市场需求、气候条件、土壤质地、灌溉条件，综合考虑棉花品种的全生育期、抗病性、抗逆性等因素，确定适合本地种植的棉花品种。

二、种子质量鉴别

1. 种子的外观

（1）大小和形状

优良棉花品种的种子大小相对均匀，形状规整。例如，陆地棉种子呈梨形，大小适中，长为 8~10 mm，宽为 4~6 mm。种子饱满，没有干瘪、破损或畸形的情况。

（2）色泽

正常的种子色泽光亮，多为黑色或黑褐色。色泽暗淡、发黄或有斑点的种子可能是陈种或者质量不佳的种子。

2. 品种纯度和种子纯净度

（1）品种纯度

品种纯度高的棉花品种的特征一致。田间种植后，棉花植株整齐划一。通过田间检验或基因检测等方法，确定品种纯度，优良棉花品种的品种纯度一般在95%以上。

（2）种子纯净度

种子纯净度是指去除杂质后种子的质量占总质量的百分比。优良棉花品种的种子纯净度高，杂质少，一般种子纯净度在98%以上。通过筛选、风选等方法去除杂质后，检测剩余种子的质量。

3. 种子发芽率和种苗发芽势

种子发芽率和种苗发芽势是衡量种子萌发能力的两个重要指标。种子发芽率和种苗发芽势都通过发芽试验来测定。

（1）种子发芽率

种子发芽率是指在最适合的条件下和规定天数（7～10天）内，发芽的种子数占测定种子数的百分比。我国的棉花种子标准规定，种子发芽率不低于80%。

（2）种苗发芽势

种苗发芽势是指在较短时间内，能正常萌发的种子数占测定种子数的百分比。种苗发芽势高的种子出苗快而整齐。

三、品种特性鉴别

1. 生育期观察

（1）全生育期

从播种到吐絮结束的全生育期是判断棉花品种特性的重要指标。早熟棉花品种全生育期一般为120～130天，如中棉所50，适合麦棉套种或在无霜期较短的地区种植；中熟棉花品种全生育期为130～140天，如鲁棉研28号，在正常气候条件下，能兼顾营养生长和生殖生长，产量潜力较大；晚熟棉花品种全生育期超过140天，如海岛棉，其纤维品质优良，但对热量要求高，需要在无霜期长的地区种植。

（2）各生育期

观察棉花品种的播种出苗期、苗期、蕾期、花铃期和吐絮期的特点。优良棉花品种的播种出苗率高，一般在70%以上。在苗期，生长健壮，根系发达，叶片浓绿。在蕾期和花铃期种苗生长势强，蕾铃脱落率低。例如，可控制好的棉花品种蕾铃脱落率为 30%～40%。吐絮集中，吐絮畅，棉花的色泽好。

2. 产量构成因素分析

（1）单株铃数

优良棉花品种的单株铃数较多，一般陆地棉的有效单株铃数可达 10～15 个。通过田间抽样调查，计算平均单株铃数，可以初步判断棉花品种的产量潜力。

（2）铃重

铃重也是影响产量的重要因素之一。优良棉花品种的铃重通常为 5～7 g。例如，新陆早 45 号的铃重可达 6 g 左右。较重的铃重意味着每个棉铃能够产出更多的籽棉。

（3）衣分

衣分是指皮棉质量占籽棉质量的百分比。优良棉花品种的衣分较高，一般为 38%～42%。衣分高的棉花品种在相同籽棉产量下，能够获得更多的皮棉，从而提高经济效益。

3. 抗逆性评估

（1）抗病性

1）枯萎病和黄萎病。这是棉花最常见的两种病害。在病圃中种植抗病品种时，发病率和病情指数较低。例如，可控制抗枯萎病棉花品种的发病率在 10% 以下，抗黄萎病棉花品种的病情指数在 30 以下。通过人工接种病菌或在发病较重的田块种植，可以评估棉花品种的抗病性。

2）苗期病害。在苗期，观察棉花品种对苗立枯病、炭疽病等苗期病害的抵抗力。抗病性强的棉花品种在高湿、低温等易发病环境下，发病率低，生长正常。

（2）抗虫性

对于抗虫棉花品种，特别是转 Bt 基因抗虫棉（Bt 是 bacillus thuringiensis 的缩写，指苏云金芽孢杆菌），通过田间观察棉铃虫的危害程度来评估其抗虫性。在棉铃虫高发期，抗虫棉花品种的叶片、蕾铃的受害程度较轻，如叶片被棉铃虫咬食的孔洞少、蕾铃脱落率低等。对于抗蚜虫棉花品种，观察蚜虫在棉花植株上的繁殖情况。在抗蚜虫棉花品种的棉花植株上，蚜虫数量相对较少，且棉花生长受影响较小。

（3）抗倒伏性

在棉花生长后期，观察棉花植株在风雨等自然条件下是否容易倒伏。抗倒伏棉花品种的棉花植株一般根系发达，扎根深，茎秆粗壮、坚韧。例如，对比不同棉花品种的棉花植株在大风天气后的倒伏情况，茎秆直立、根系稳固的棉花植株抗倒伏性强。

（4）耐旱性和耐涝性

1）耐旱性。在干旱条件下，耐旱棉花品种能够保持较好的生长状态。对比不同棉花品种在干旱胁迫下的生长指标，如叶片萎蔫程度、植株高度增长速度等，耐旱棉花品种的叶片萎蔫程度轻，植株高度增长受影响小。

2）耐涝性。在水淹条件下，耐涝棉花品种能够较快恢复生长。

四、纤维品质鉴别

1. 纤维长度测量

纤维长度是棉花品质的重要指标，可以使用纤维长度仪测量纤维长度。优良陆地棉品种的纤维长度一般为 28~32 mm，海岛棉的纤维长度可达 35~40 mm。纤维长度较长的纤维可纺性强，能用于生产高支纱等高档纺织品。

2. 纤维强度检测

纤维强度决定了棉花在纺织过程中的加工性能。使用纤维强度测试仪等设备，检测纤维强度，以断裂比强度（cN/tex）来表示。优良棉花品种的断裂比强度一般为 30 cN/tex 以上。纤维强度高的棉纤维在纺纱过程中不易断裂，能够提高纱线质量。

3. 马克隆值测定

马克隆值反映棉纤维的细度和成熟度，使用马克隆仪测定。优良棉花品种的马克隆值一般为 3.7~4.2。马克隆值适中的棉纤维粗细适中、成熟度高，有利于纺织加工，不会因为棉纤维过粗或过细而影响产品质量。

学习单元5　农药选择与准备

掌握农药的应用和使用方法。

一、农药的应用及病虫害防治

1. 选择农药的原则

（1）根据防治对象

对于棉田害虫，要先确定棉田害虫的种类，如棉铃虫、蚜虫、棉红蜘蛛等。对于咀嚼式口器害虫（如棉铃虫），可以选择胃毒剂或触杀剂；对于刺吸式口器害虫（如蚜虫、棉红蜘蛛），内吸杀虫剂效果更强。例如，防治棉铃虫可以选择拟除虫菊酯类杀虫剂，如高效氯氟氰菊酯；防治蚜虫可以选择吡虫啉等内吸杀虫剂。对于棉田病害，要区分是真菌性病害（如枯萎病、黄萎病）、细菌性病害，还是病毒性病害。对于真菌性病害，可以选择多菌灵、甲基托布津等杀菌剂；对于细菌性病害，可以选择春雷霉素等药剂。

（2）根据农药毒性和农药残留

优先选择低毒、低残留的农药。例如，生物农药（如苏云金芽孢杆菌制剂用于防治棉铃虫）对环境和棉花品质影响较小。同时，注意农药的安全间隔期，确保棉花收获时，农药残留量符合国家标准。例如，某种杀菌剂的安全间隔期是14天，那么最后一次施药14天后，才能采摘棉花。

（3）根据棉田生态环境

在棉田中，有许多有益生物，如瓢虫、草蛉等天敌昆虫。在选择农药时，要尽量避免对这些天敌昆虫造成伤害。一些选择性杀虫剂只对目标害虫有效，而对天敌昆虫相对安全，如阿维菌素对棉田中的捕食性螨等天敌昆虫影响较小。

2. 虫害化学防治

（1）棉铃虫防治

棉铃虫是棉花的主要害虫之一，其幼虫蛀食棉花的蕾、花、铃，造成棉花大量落蕾、落花和烂铃。在卵孵化高峰期至低龄幼虫期施药，防治效果最强。可以采用甲氨基阿维菌素苯甲酸盐等药剂，按照说明书要求的剂量，稀释后进行喷施。喷施时，确保药液均匀覆盖棉花植株，重点喷在蕾、花、铃等棉铃虫幼虫主要危害的部位。

（2）蚜虫防治

蚜虫聚集在叶片背面和嫩梢上，吸食汁液，使叶片卷曲、发黄，生长受阻。防治蚜虫常采用吡虫啉、啶虫脒等内吸杀虫剂。可以采用喷雾法，将药剂均匀喷施在叶片正反面上。由于蚜虫繁殖速度快，需要根据虫口密度和防治效果，在一定的时间间隔内（如7~10天）连续施药。

（3）棉红蜘蛛防治

棉红蜘蛛主要在叶片背面上吸食汁液，造成黄斑、红叶，严重时叶片干枯脱落。采用阿维菌素、哒螨灵等杀螨剂防治棉红蜘蛛。施药时，注意将喷头贴近叶片背面，因为棉红蜘蛛主要集中在叶片背面，保证药剂充分接触棉红蜘蛛，增强防治效果。

3. 病害化学防治

（1）枯萎病防治

枯萎病是一种真菌性病害，主要危害棉花的根系和维管束，导致棉花植株枯萎死亡。在播前，可以采用多菌灵等杀菌剂拌种，处理种子。在发病初期，采用甲基托布津等药剂灌根，按照一定的浓度配制药液。对每株棉花植株，浇灌适量的药液，使药剂能够到达根系周围，抑制病原菌生长和传播。

（2）黄萎病防治

黄萎病也是真菌性病害，发病后出现黄斑、落叶等症状。可以采用枯草芽孢杆菌等生物杀菌剂处理土壤，改善土壤微生物环境，抑制病原菌。同时，结合化学杀菌剂（如噁霉灵）进行喷雾防治，重点喷在棉花的中下部叶片和茎基部，因为病原菌主要从这些部位侵入。

（3）苗期病害防治

在苗期，容易发生苗立枯病、猝倒病等病害。播前，对苗床土壤进行消毒处理，如采用福美双等药剂拌土。在苗期，一旦发现病害症状，及时采用甲霜灵锰锌等药剂，进行喷雾，防止病害蔓延，保证棉苗健康生长。

4. 鼠害化学防治

（1）毒饵投放

选择合适的杀鼠剂，如溴敌隆等抗凝血类杀鼠剂。将杀鼠剂与小麦、玉米等诱饵混合，制成毒饵。严格按照说明书配制毒饵，避免毒饵的浓度过高对非靶标动物造成危害。在棉田周围及田埂边，每隔一定的距离（如5~10 m）投放一堆毒饵，每堆毒饵量为10~20 g。在隐蔽的地方投放毒饵，如洞穴附近或杂草丛中，防止鸟类等其他动物误食。

（2）注意事项

投放毒饵后，要设置明显的警示标志，提醒人员注意。同时，定期检查毒饵的消耗情况，及时补充毒饵，直到有效控制鼠害。在收获棉花前，要清理剩余的毒饵，防止残留的杀鼠剂污染棉花。

5. 科学使用植物生长调节剂

（1）植物生长促进剂使用

赤霉素是一种常用的植物生长促进剂。在棉花生长初期，采用赤霉素溶液，进行喷雾，可以促进棉花种子萌发和棉苗生长，使棉苗更加健壮。使用时，要按照合适的浓度配制（如 10~20 mg/L），避免浓度过高导致徒长。

（2）植物生长延缓剂和植物生长抑制剂使用

甲哌鎓是棉花生产中常用的植物生长延缓剂。在蕾期和花铃期，根据棉花的生长情况，适时适量地采用甲哌鎓，进行喷雾，可以控制棉花的植株高度和果枝长度，防止徒长，促进棉花生殖生长，提高棉花的结铃率。使用时，根据棉花品种、种植密度和种苗生长势等因素调整剂量。

二、农药的使用方法

1. 杀虫剂的使用方法

（1）喷雾法

喷雾法是最常用的杀虫剂使用方法。将杀虫剂按照说明书的要求，配制成一定浓度的药液，使用喷雾器均匀喷施在棉田中。喷施时，注意喷头与棉花植株的距离和角度，确保药液均匀覆盖棉花植株的各个部位。例如，在防治棉铃虫时，喷头距离棉花植株 30~50 cm，以 45° 角向上或向下喷施，将药液充分喷到棉铃、叶片、嫩梢等部位。同时，选择合适的喷施时间，一般在上午 10 点前或下午 4 点后，避免在高温强光下喷施，防止农药挥发和造成药害。

（2）拌种法

拌种法用于防治种传病害和苗期害虫。将杀虫剂与棉花种子按照一定的比例混合，使药剂均匀附着在种子表面上。例如，采用噻虫嗪拌种，防治苗期病害和害虫。将种子和药剂放入拌种器，充分搅拌，让每粒种子都沾上药剂。将拌种后的种子晾干，才能播种，并且在播种过程中，注意防止药剂脱落。

（3）土壤处理法

土壤处理法主要针对在土壤中生活的害虫，如蛴螬、金针虫等。将杀虫剂（如辛硫磷颗粒剂）撒施在土壤表面上，通过翻耕或灌溉，使药剂与土壤混合均匀。按照规定的剂量均匀撒施，避免局部药剂浓度过高对棉花根系造成伤害。

2. 杀菌剂的使用方法

（1）喷雾法

喷雾法是指将杀菌剂配制成合适浓度的药液，用喷雾器对棉花植株进行喷雾。对于叶片病害，确保药液均匀喷施在叶片正反面上。例如，在防治炭疽病时，将甲基托布津溶液均匀喷施在叶片和茎部，尤其是叶片的边缘和伤口部位，这些地方更容易被病原菌侵入。根据病害的严重程度和药剂的持效期，确定喷雾的频率，一般每隔7~10天喷雾1次。

（2）种子处理法

种子处理法是指播前对种子进行处理，可以有效预防种传病害。例如，采用多菌灵可湿性粉剂拌种，将种子和药剂混合均匀后，药剂可以在种子表面上形成一层保护膜，防止病原菌侵入。也可以采用浸种的方法，将棉花种子浸泡在杀菌剂药液（如高锰酸钾溶液）中一定的时间（如10~15 min），然后捞出晾干，播种。

（3）灌根法

对于根部病害，如枯萎病、黄萎病，可以采用灌根的方法。将杀菌剂配制成一定浓度的药液，沿棉花植株根系周围浇灌。根据棉花植株的大小和病情，确定每株棉花植株的灌药量，一般为200~500 mL。灌根时，注意让药液充分渗透到棉花植株根系周围的土壤中，以达到防治根部病害的目的。

3. 除草剂的使用方法

（1）苗前封闭处理

苗前封闭处理是指在播前，将除草剂（如二甲戊灵）均匀喷施在土壤表面上，形成一层药膜。当杂草种子萌发时，幼芽或幼根接触药膜，吸收药剂而死亡。一般在土壤湿度适宜（土壤含水量为60%左右）时，施药效果较强。施药后，不要翻动土壤，以免破坏药膜。

（2）苗后茎叶处理

苗后茎叶处理是指棉花出苗后，针对已出土的杂草进行处理。采用合适的除草剂，如精喹禾灵用于防治禾本科杂草，氟磺胺草醚用于防治阔叶杂草。将除草剂配制成一定浓度的药液，用喷雾器在杂草生长旺盛期进行喷施。喷施时，注意喷头的高度和方向，避免将药液喷到棉花植株上，造成药害。如果不慎将除草剂喷到棉花植株上，要及时用清水冲洗。

（3）定向喷雾法

对于棉田行间杂草，可以采用定向喷雾法。使用防护罩等辅助工具，将喷头对准杂草进行喷施，使药液只作用于杂草，而不接触棉花植株。这种方法适用于棉花生长中后期，杂草与棉花植株有一定高度差的情况。

4. 杀线虫剂的使用方法

（1）熏蒸法

对于线虫危害严重的情况，可以采用熏蒸剂（如棉隆）进行处理。在种植棉花前，将土壤翻耕疏松，然后将熏蒸剂均匀撒施在土壤表面上，再用塑料薄膜覆盖土壤，密封一段时间（如1~2周）。在熏蒸期间，土壤中的线虫会被药剂杀死。熏蒸结束后，揭开薄膜，通风透气一段时间，待土壤中的药剂残留量减小后，才能种植棉花。

（2）灌根法

对于已种植棉花的田块，发现线虫危害时，可以采用阿维菌素等杀线虫剂进行灌根。将药剂配制成一定浓度的药液，沿棉花植株根系周围浇灌。灌根后，注意保持土壤湿润，使药剂更好地发挥作用，杀死棉花植株根系周围的线虫。

（3）颗粒剂撒施法

将杀线虫剂制成颗粒剂（如噻唑膦颗粒剂），在棉花播种时或生育期，将颗粒剂撒施在棉花植株根系周围的土壤中。撒施后，适当翻耕或浇水，使颗粒剂与土壤混合，药剂释放后，可以杀死线虫。

5. 杀鼠剂的使用方法

（1）毒饵诱杀法

将杀鼠剂与诱饵混合制成毒饵。除了在棉田周围投放外，还可以在鼠洞附近、仓库等老鼠经常出没的地方投放。投放毒饵时，最好使用专门的毒饵盒，既可以防止非靶标动物误食，又能保持毒饵的新鲜度。毒饵盒要放置在隐蔽的、干燥的地方，并且定期检查毒饵的消耗情况，及时更换毒饵。

（2）熏蒸法

在封闭的空间（如仓库）中，可以使用磷化铝等熏蒸剂来灭鼠。将磷化铝片剂放置在仓库的角落、鼠洞等地方，磷化铝遇水或潮湿空气会分解，产生磷化氢气体，这种剧毒气体可以杀死老鼠。使用熏蒸剂时，注意安全，因为磷化氢气体对人体也有剧毒，保证仓库密封良好，熏蒸后充分通风，散尽有毒气体后才能进入。

（3）物理器械辅助法

配合杀鼠剂，使用一些物理器械，如捕鼠夹、黏鼠板等。将这些物理器械放置在老鼠活动的通道或洞口附近，先在物理器械上放置少量毒饵，吸引老鼠，提高捕杀率。在使用物理器械时，要定期检查和清理，及时处理捕获的老鼠。

6. 植物生长调节剂的使用方法

（1）喷雾法

对于大多数植物生长调节剂，采用喷雾法。按照说明书，将植物生长调节剂配制成合适浓度的溶液，用喷雾器均匀喷施在棉花植株上。例如，在蕾期使用甲哌鎓时，将甲哌鎓配制成 2~3 g/L 的溶液，均匀喷施在棉花的顶部和果枝生长点等部位，控制棉花的生长速度。喷施时间一般选择在晴天的上午或傍晚，避免在高温、强光和雨天喷施。

（2）涂抹法

对于一些局部作用的植物生长调节剂，可以采用涂抹法。例如，在棉花的侧芽部位涂抹生长素类似物，抑制侧芽生长，促进主茎生长。涂抹时，要使用干净的工具（如毛笔等），将植物生长调节剂溶液均匀涂抹在需要处理的部位。注意涂抹的剂量，避免过多或过少，影响调节效果。

（3）浸种法

采用植物生长调节剂溶液浸泡棉花种子，可以促进种子萌发和棉苗生长。例如，将棉花种子浸泡在 10~20 mg/L 的赤霉素溶液中 2~4 h，然后捞出，晾干播种。浸种时，注意温度和浸泡时间，温度过高或浸泡时间过长，可能对棉花种子造成伤害。

学习单元 6 制剂用量与倍液量转换

掌握制剂用量与倍液量转换的方法。

一、制剂用量和倍液量的概念

1. 制剂用量

制剂用量是指在施用农药时，实际施在一定面积的土地上或者一定量的作物上的农药制剂（如乳油、可湿性粉剂等）的量，通常以克（g）、千克（kg）或毫升（mL）、升（L）等为单位。例如，在防治蚜虫时，可能需要施用 10 g 某种杀虫剂制剂。

2. 倍液量

倍液是农药稀释程度的一种表示方法，表示稀释后药液的总量是制剂用量的倍数。例如，1 000 倍液表示稀释后的药液总量是制剂用量的 1 000 倍。如果制剂用量是 1 mL，那么配制成 1 000 倍液时，倍液量应为 1 000 mL。

二、根据制剂用量计算倍液量

1. 公式推导

设制剂用量为 m（单位为 g 或 mL 等），稀释倍数为 n，那么倍液量（V）的计算公式为 $V=m\times n$。例如，如果制剂用量是 5 g，要配制 500 倍液，那么倍液量 $V=m\times n=5\times 500=2\ 500$ g（设药液密度近似为 1 g/mL，即 2 500 mL）。

2. 实际应用场景和计算示例

要在 1 hm^2（10 000 m^2）的棉田防治棉铃虫，根据经验和说明书，每公顷需要施用 20 g 某种杀虫剂制剂，要配制 800 倍液进行喷雾。那么倍液量 $V=m\times n=20\times 800=16\ 000$ g，即 16 L（1 mL 药液约为 1 g）。16 L 就是用于 1 hm^2 棉田的倍液量。

三、根据倍液量计算制剂用量

1. 公式推导

设倍液量为 V（单位为 g 或 mL 等），稀释倍数为 n，则制剂用量（m）的计算公式为 $m=V/n$。例如，有 3 000 mL（3 000 g）某种农药倍液，稀释倍数是 600，那么制剂用量 $m=V/n=3\ 000/600=5$ g。

2. 实际应用场景和计算示例

要在 500 m² 的蔬菜塑料大棚进行病害防治，已知需要配制 1 000 倍液的杀菌剂进行喷雾，总共准备了 5 L 的倍液。根据公式，制剂用量 $m = V/n = 5\,000/1\,000 = 5\,g$，即配制 5 L 1 000 倍液，需要使用 5 g 杀菌剂制剂。

四、影响计算的因素

1. 有效成分含量

不同厂家生产的农药制剂的有效成分含量可能不同。在计算时，必须以农药标签上标注的有效成分含量为准。例如，一种农药制剂的有效成分含量为 50%，另一种为 80%，对于相同的防治对象和稀释倍数，制剂用量有所不同。对于有效成分含量较小的制剂，可能需要更大的制剂用量，才能达到相同的防治效果。

2. 喷雾器和施药方式

不同的喷雾器（如背负式喷雾器、机动喷雾器等），喷雾量和喷雾范围不同。在实际操作中，需要根据喷雾器的性能，调整倍液量和制剂用量。例如，背负式喷雾器的喷雾量较小，在大面积施药时，可能需要多次装液，准确计算每次装液的制剂用量和倍液量，以确保均匀施药。另外，不同的施药方式（如叶面喷雾、土壤灌根等）对浓度和倍液量的要求也不同。采用土壤灌根，需要更高的浓度、较小的倍液量；采用叶面喷雾，则需要较低的浓度，较大的倍液量，覆盖整个叶面。

培训课程 3　育苗

学习单元 1　棉花育苗

掌握棉花育苗的方法。

一、苗床场地和育苗设施、设备选择

1. 塑料大棚

选择向阳、避风、干燥、排水良好、没有土传病害的地方搭塑料大棚。

2. 温床

温床是一种既利用太阳热，也采用人工简易加温的苗床。一般为南低北高的框式结构，在园艺栽培上用得很多，主要结构为床框和床盖。以砖、水泥、木材、稻草制成床框，北高为 60～80 cm，南高为 45～65 cm，宽约为 1.2 m。用木制床架，嵌以玻璃，做成玻璃床盖，长宽一般以 80～100 cm 为宜。

3. 育苗穴盘

穴盘育苗是采用草炭、蛭石等轻基质无土材料做育苗基质，机械化精量播种，一穴一粒，一次成苗的现代化育苗技术。

穴盘育苗常用的工具和器具有育苗穴盘（见图 1-11）、种子播种器、育苗罩、播种工具套装、育苗杯和营养钵、自动播种机。

图1-11 育苗穴盘

4. 塑料大棚配套工程设备

塑料大棚配套工程设备是指在塑料大棚建设及运营过程中所需的一系列设备。这些设备旨在提高塑料大棚的生产效率、管理水平和作物品质。

二、苗床准备

苗床可以采用高垄和低垄。高垄是一种在农业种植技术中的地形处理方式，具体是指在耕地上培成一行一行的土埂，土埂高于地面一定的高度，通常用于满足特定的种植需求和土壤条件。低垄与高垄相对应，其特点是垄面低于地面一定的高度。

三、育苗基质和营养液配制

1. 育苗基质的选择

根据作物的生长特性和需求，选择合适的育苗基质。育苗基质的颗粒大小、持水孔隙度、密度等物理性质会影响其通气性、透水性和保水性。考虑育苗基质的酸碱度、养分含量等化学性质，还需要考虑其经济性和可持续性，选择价格合理、易于获取且对环境影响小的育苗基质，可以降低生产成本，并减少对环境的影响。

2. 各类育苗基质的性质

（1）有机基质

1）草炭。草炭（又称泥炭）是古代低温、湿地植物残体经长时间堆积分解形成的特殊有机质，多呈棕黄色或浅褐色。它是公认的、优质的育苗基质，具有较强的通气性、保水性和阳离子交换能力。

2）碳化稻壳。稻壳经过碳化处理后，含有丰富的营养元素，价格低廉，通气性较强，但持水孔隙度低，保水性弱。

3）锯木屑。锯木屑作为无土育苗基质，结构良好，可以连续使用多茬。每茬使用后需消毒。

4）秸秆。秸秆取材广泛，价格低廉，可以再利用。需注意其分解速度，可能影响育苗基质的稳定性。

5）椰糠。椰糠是椰子果实外壳纤维粉经过加工而成的，容重、通气性、田间持水量和酸碱度等都比较适中。

（2）无机基质

1）珍珠岩。珍珠岩由含铝硅酸盐的火山岩加热膨胀而成，容重小，持水孔隙度高，易排水，但几乎没有缓冲作用和阳离子交换能力。

2）蛭石。蛭石由云母类矿物加热形成，具有较强的通气性和保水性，酸碱度呈中性或碱性，含有钙、钾、镁等矿质元素。

3）岩棉。岩棉由高温熔融的矿物纤维制成，具有很强的保水性，化学性质稳定，不携带病原菌。

4）陶粒。陶粒是一种陶瓷质人造颗粒，内部为蜂窝状孔隙构造，通气性较强。

（3）其他育苗基质

除了上述常见的有机基质和无机基质外，还有聚合物基质（如聚苯乙烯颗粒、聚氨酯泡棉）等新型育苗基质，它们具有特定的物理性质和化学性质，满足不同的育苗需求。

3. 营养液的配制

（1）营养液的组成

营养液的组成因作物种类、生育期及具体需求而异，通常包含以下几类主要成分：氮（N）、磷（P）、钾（K）、铁（Fe）、锰（Mn）、锌（Zn）、铜（Cu）、硼（B）、钼（Mo）等。在某些营养液中，还可能添加一定量的有机质，如氨基酸、腐殖酸等。还有其他成分如酸碱调节剂、螯合剂等。

（2）示例配方

以下是一个示例性的营养液配方（此配方仅供参考，具体配方应根据实际情况进行调整）：在每升水中，加 0.9 g 硝酸钙、0.25 g 硫酸镁、0.35 g 硝酸钾、0.20 g 磷酸二氢钾、0.12 g 碳酸钾。此外，根据作物的需求，还可以适量添加铁、锰、锌、铜、硼、钼等微量元素的无机盐。

四、育苗基质、设施消毒

1. 育苗基质消毒

（1）硫酸亚铁消毒法

硫酸亚铁消毒法是一种常用的育苗基质消毒方法，特别适用于防治植物病害和改善育苗基质酸碱度。

（2）敌克松消毒法

敌克松消毒法是一种在农业和园艺中常用的育苗基质消毒方法，主要用于防治育苗基质中的病原菌和害虫，以保证作物健康生长。

（3）五氯硝基苯消毒法

五氯硝基苯消毒法是一种有效的育苗基质消毒方法，主要用于防治土传病害，如炭疽病、苗立枯病、猝倒病、菌核病等。

（4）辛硫磷消毒法

辛硫磷消毒法主要是指采用有机磷杀虫剂（辛硫磷）进行育苗基质或作物表面消毒，用于防治地下害虫、叶面害虫及多种病虫害。

（5）福尔马林消毒法

福尔马林消毒法主要采用福尔马林（甲醛的水溶液）杀灭育苗基质中的病原菌和害虫。

2. 育苗设施消毒

（1）育苗设施、设备消毒

育苗设施、设备消毒是确保在育苗过程中减少病害、提高育苗成功率的重要环节，主要包括消毒育苗器具、育苗室（塑料大棚）、育苗场地。

（2）育苗穴盘或工具消毒

育苗穴盘或工具消毒有助于减少病菌、病毒和害虫传播，保障作物健康生长。消毒方法包括氯溴异氰尿酸消毒、次氯酸钠或高锰酸钾消毒、蒸汽消毒、煮沸消毒等。

五、种子处理与播种技术

1. 种子处理

（1）种子筛选

选择高产且品质好的、适宜气候条件和土壤条件的，抗枯萎病、黄萎病的棉花品种。

（2）种子质量与品种纯度

选择成熟、饱满、破籽率低、含水量适中、种苗发芽势强、种子发芽率高、品种纯度高的棉花品种。通常，应满足破籽率 <5%、含水量 <12%、种子发芽率 >85%、品种纯度 >95% 等要求。

（3）筛选方法

1）精选种子。在种子田和块选的棉田中，摘取棉花植株中部靠近主茎的吐絮好、无病虫害的霜前花作种。这种棉铃的种子成熟早又饱满。

2）晒种。晒种可以促进后熟作用，消灭种子表面的部分病菌，提高种子发芽率。晒种时间应适中，避免造成硬籽。

3）化学试剂检测。例如，氯化三苯基四氮唑（TTC）法可用于测定种子活力。

（4）注意事项

1）避免使用劣质种子。例如，感病严重，成熟度低，种子发芽率低，退化严重，长期与农药、化肥存放的种子。

2）合理储存。应在干燥、通风、低温的环境中储存种子，避免受潮、霉变等因素影响种子质量。

3）综合考虑。在选择种子时，要综合考虑当地环境、品种特性、种子质量及市场需求等因素。

2. 种子消毒

（1）药剂浸种

药剂浸种包括多菌灵浸种和硫酸脱绒加杀菌剂浸种。

（2）温汤浸种

将种子放入 55~60 ℃ 的温水中浸泡 30 min，每 5 min 搅拌 1 次，以确保种子受热均匀。然后，捞出种子进行药剂拌种。

（3）药剂拌种

除了浸种外，还可以选择药剂拌种的方式。例如，采用 0.5 kg 50% 多菌灵可湿性粉剂，拌种 100 kg，或采用 300 mL 2.5% 咯菌腈悬浮种衣剂，加水 1~2 kg，拌种 100 kg。此外，针对虫害问题，可以采用 70 g 70% 吡虫啉水分散粒剂，拌种 2.5 kg，防治苗期蚜虫；采用 50% 辛硫磷乳油，按种子量 0.2% 拌种，防治地下害虫。

3. 种子催芽

浸种后，将种子捞出，并用湿布或毛巾包裹起来。然后，将包裹好的种子放在温暖（30~35 ℃）且通风良好的地方进行催芽。在催芽期间，需要保持种子的湿度和温度适宜，避免过干或过湿，导致种子萌发不良。一般情况下，催芽时间为2~3天，待大部分种子露芽后即可播种。

4. 播种技术

（1）播种时间

1）黄河流域棉区。在黄河流域棉区，春季气温较低，土壤温度也相对较低，因此播种时间相对较晚。通常，4月下旬至5月上旬是适宜的播种时间。此时，土壤温度逐渐升高，有利于种子萌发和棉苗生长。

2）长江流域棉区。在长江流域棉区，春季气温较高，土壤温度也较适宜，因此播种时间相对较早。一般在3月下旬至4月上旬就可以开始播种了。

3）西北内陆棉区。在新疆等西北内陆棉区，由于气候干旱、温差大等特点，播种时间也有所不同。在新疆地区，播种时间通常是4月左右，以充分利用当地的阳光和热量资源促进棉花生长和发育。

（2）播种量

育苗移栽时，在每个营养钵中播种1~2粒种子。如果按大田计算，则每亩的播种量约为1.5 kg。需注意，这里是基于较大面积的估算，在实际操作中，可能需要根据具体情况进行调整。

六、棉苗管理

1. 苗床温度管理和湿度管理

（1）苗床温度管理

1）播种至出苗阶段，要保持较高的苗床温度。白天可控制苗床温度为25~30 ℃，夜间苗床温度不低于15 ℃。可以通过覆盖地膜、搭建塑料大棚等方式，增温保暖，促进种子尽快发芽出苗。

2）出苗后至移栽前，注意适当通风降温，防止高温烧苗。白天控制苗床温度为20~25 ℃，夜间苗床温度以12~15 ℃为宜。随着棉苗生长，逐渐加大通风量，使棉苗逐步适应外界环境温度。

（2）苗床湿度管理

1）播后，要保持苗床土壤湿润，一般通过适量浇水来维持苗床湿度，避免土壤过干，影响种子萌发，也不能积水，以防烂种、烂根。

2）出苗后，可以适当控制浇水频率，遵循"见干见湿"原则，即土壤表面稍干后再浇水，促使棉苗根系下扎，增强抗旱性。同时保证空气湿度适宜，避免苗床湿度过高，引发病害。

2. 苗期病虫害防治

（1）病害防治

1）常见的苗期病害有苗立枯病、炭疽病等，可以通过苗床消毒、种子处理等方式提前预防。在发病初期，及时将杀菌剂，如多菌灵、甲基托布津等，按照合适的浓度进行喷雾防治，每隔7~10天喷1次，连续喷2~3次。

2）加强苗床通风透光管理，控制温度、湿度，营造不利于病害发生的环境，也是防治病害的重要措施。

（2）虫害防治

在苗期，棉苗常遭受蚜虫、蓟马等害虫侵袭，可以采用防虫网覆盖苗床，物理阻隔害虫进入。一旦发现害虫，可以采用吡虫啉、啶虫脒等化学药剂进行喷雾防治，或者采用糖醋液诱捕部分有趋性的害虫，达到减少虫口密度的目的。

3. 炼苗

（1）适时炼苗

在棉苗移栽前7~10天开始炼苗，逐渐延长苗床通风时间和扩大通风口，让棉苗充分接触外界自然环境，适应风吹、日晒等，增强棉苗的抗逆性和提高移栽棉苗的成活率。

（2）停止浇水施肥

在炼苗期间，要逐渐减少浇水次数，直至停止浇水，同时不再施肥，促使棉苗根系老化，增强棉苗对外界环境的适应性，保证移栽后快速缓苗，棉苗正常生长。

通过科学合理的棉苗管理，培育健壮的、无病虫害的优质棉苗，为棉花高产打下良好基础。

学习单元2 育苗基质配制

掌握育苗基质配制的方法。

一、配制比例和配制方法

1. 配制比例

一种常用的育苗基质配方是泥炭：椰糠：珍珠岩：蛭石：腐熟农家肥＝50：20：15：10：5。这个配方综合考虑了育苗基质的保水性、通气性、养分含量等因素，能够为棉苗营造适宜的生长环境。可以根据当地的原料供应情况、成本及棉花品种等，适当调整具体的配制比例。

2. 配制方法

（1）原料预处理

如果选择泥炭，要先将其破碎，去除其中的大块杂质。如果选择椰糠，要浸泡、冲洗，以减少含盐量。如果选择珍珠岩和蛭石，可以直接使用，但要避免混入杂质。如果选择腐熟农家肥，要过筛，去除未腐熟的残渣和可能存在的杂质。

（2）混合搅拌

按照确定的比例，将各种原料放入一个较大的容器（如塑料桶或搅拌机）。使用工具（如铲子或搅拌机的搅拌桨）充分搅拌，使各种原料混合均匀。在搅拌过程中，注意力度，避免破坏原料的结构，特别是泥炭和椰糠的纤维结构。

二、质量检测

1. 物理性质检测

（1）持水孔隙度测定

可以采用简单的排水法，测定育苗基质的持水孔隙度。将一定体积的育苗基质装入一个已知体积的容器，然后缓慢加入水，直到水从容器底部流出，记录加入水的体积。持水孔隙度＝（加入水的体积/总体积）×100%。理想的育苗基质的持水孔隙度应为50%~70%，既能保证较强的通气性，又有较强的保水性。

（2）容重测量

容重是指单位体积育苗基质的质量。将一个已知体积的容器装满育苗基质，称其质量，然后计算容重（容重＝育苗基质质量/容器体积）。育苗基质的容重一般以 0.2~0.5 g/cm^3 为宜。容重过大，育苗基质过于紧实，不利于根系生长；容重过小，育苗基质过于疏松，无法为根系提供良好的支撑。

2. 化学性质检测

（1）酸碱度检测

使用pH试纸或pH计检测育苗基质的酸碱度。育苗基质的酸碱度一般以6.0~7.5较为合适。如果酸碱度过高或过低，可以通过添加酸性或碱性物质来调整。例如，当酸碱度过高时，可以加入适量的硫黄粉来降低酸碱度；当酸碱度过低时，可以添加石灰来提高酸碱度。

（2）养分含量检测

可以通过实验室分析或使用简易的养分速测仪，检测育苗基质的养分含量。主要检测氮、磷、钾等大量元素和一些重要的微量元素的含量。根据检测结果，判断是否需要补充某种养分。例如，如果育苗基质含氮量不足，可以添加适量的氮肥（如尿素），注意控制施用量，避免烧苗。

三、消毒处理

1. 物理消毒法

（1）太阳暴晒消毒法

太阳暴晒消毒法是指将配制好的育苗基质摊放在干净的地面上，在阳光下暴晒2~3天。阳光中的紫外线可以杀死育苗基质中的部分病菌、虫卵和杂草种子。物理消毒法简单易行，但消毒效果相对较弱。

（2）蒸汽消毒法

蒸汽消毒法是指将育苗基质放入一个密封的容器，通入蒸汽，保持蒸汽温度为70~90 ℃，持续30~60 min。蒸汽消毒法可以有效地杀灭育苗基质中的有害生物，但需要一定的设备，如蒸汽发生器等。

2. 化学消毒法

（1）福尔马林消毒法

福尔马林消毒法是指用40%的福尔马林溶液对育苗基质进行消毒。将福尔马林稀释成100~200倍液，然后将育苗基质浸泡在溶液中，使溶液充分渗透育苗基质。浸泡后，用塑料薄膜覆盖育苗基质2~3天。之后揭开薄膜，通风晾晒7~14天，让福尔马林气体完全挥发，以免对棉苗造成伤害。

(2)多菌灵消毒法

多菌灵消毒法是指采用50%的多菌灵可湿性粉剂，按照1∶500～1∶1 000的比例与育苗基质混合。将多菌灵粉末均匀地撒在育苗基质中，充分搅拌，使多菌灵与育苗基质充分接触。多菌灵消毒法可以有效地防治育苗基质中的真菌性病害。

职业模块

播种

培训课程 1

整地

学习单元 1 土壤结构

掌握改善土壤结构的耕作措施。

一、土壤结构

1. 土壤结构的概述

土壤结构是指土壤颗粒（包括矿物质颗粒、有机质颗粒等）的排列组合方式。土壤结构是重要的土壤物理性质之一，对棉田的土壤肥力、土壤通气性、透水性和保水性等造成深远的影响。良好的土壤结构使棉田土壤疏松透气，有利于棉花根系生长、土壤养分吸收和土壤水分保持。例如，土壤结构良好时，棉花根系更容易在土壤中伸展，吸收深层和浅层的土壤养分与土壤水分，同时土壤微生物也更加活跃，能够分解有机质，为棉花提供更多的土壤养分。

2. 土壤结构的类型与特点

（1）块状结构

块状结构是指土壤颗粒聚集成块状，形状不规则，大小不一。块状结构的土壤孔隙分布不均匀，大孔隙少，土壤通气性和透水性较弱。例如，在一些长期不合理耕作或过度压实的棉田土壤中，可能形成块状结构。块状结构不利于棉花根系生长，因为棉花根系在块状结构的土壤中难以穿插，并且土壤通气性不强可能导致棉花根系缺氧，影响棉花生长发育。

（2）柱状结构

柱状结构是指土壤颗粒垂直排列，形成柱状，常见于土壤下层。柱状结构在土壤水分下渗过程中容易形成垂直的水流通道，导致土壤水分分布不均匀。在棉田中，柱状结构可能使下层的土壤水分积聚过多，而棉花根系主要分布层的土壤水分不足。同时，柱状结构的土壤紧实度较高，棉花根系生长也会受到一定的限制。

（3）片状结构

片状结构是指土壤颗粒水平排列，形成片状。片状结构通常是土壤表面受到雨滴冲击、灌溉水冲刷或不合理的耕作方式等导致的。在棉田表层土壤中形成片状结构，影响土壤通气性和种子萌发。例如，在片状结构的土壤中，可能由于土壤与种子接触不紧密，影响种子吸收土壤水分和土壤养分，降低种子发芽率。

（4）团粒结构

团粒结构是一种理想的土壤结构。土壤颗粒团聚成近似球形的团粒，粒径一般为 0.25～10 mm。团粒结构的土壤孔隙状况良好，既有土壤通气性强的大孔隙，又有保水性强的小孔隙。团粒结构的土壤能保证棉花根系呼吸所需的氧气，同时储存足够的土壤水分，供棉花根系吸收。而且，在团粒结构的土壤中，土壤微生物活性强，有利于土壤养分循环和转化，为棉花生长营造良好的土壤环境。

二、改善土壤结构的耕作措施

1. 深耕结合施用有机肥

（1）深耕的作用

深耕可以打破犁底层，改善土壤通气性和透水性。一般翻耕深度以 20～30 cm 较为合适。例如，在棉田长期浅耕的情况下，土壤下层会形成紧实的犁底层，阻碍棉花根系下扎和土壤水分渗透。通过深耕，破碎犁底层，改善上下层之间的土壤通气性和透水性，为棉花根系创造更广阔的生长空间。

（2）有机肥的作用

施用有机肥可以增大土壤有机质含量，促进团粒结构形成。例如，农家肥中的腐殖质能够黏结土壤颗粒，形成团粒结构。在深耕过程中，将有机肥施入土壤深层，随着土壤微生物的分解作用，有机肥释放的有机质可以在土壤中持续发挥作用，改善土壤结构。同时，有机肥还能为土壤微生物提供能量，增加土壤微生物的数量和种类，进一步促进土壤结构改善。

（3）操作要点

要选择合适的深耕时间，一般在秋季棉花收获后较为适宜。此时，将有机肥（如堆肥、厩肥等）均匀撒施在土壤表面上，然后使用深耕犁进行翻耕，使有机肥与土壤充分混合。深耕后，及时耙地，破碎土块，平整土地，为下一季棉花种植做好准备。

2. 合理耕作

（1）适时中耕

中耕是在棉花生育期对土壤进行的浅耕作业。适时中耕可以疏松土壤表面，增强土壤通气性和保墒能力。例如，在苗期进行中耕，能够提高土壤温度，促进棉苗根系生长。一般在雨后或灌溉后，土壤表面容易板结，此时进行中耕效果较强。翻耕深度一般为 5~10 cm，要避免损伤棉花根系。

（2）免耕和少耕

免耕是指在一定的年限内不进行传统的翻耕，少耕则是减少翻耕的次数和降低翻耕深度。这些技术可以减少破坏土壤结构，保持自然的土壤结构和生态环境。对于采用免耕或少耕的棉田，使用覆盖物（如秸秆、地膜等）抑制杂草生长，保持土壤水分。例如，使用地膜覆盖免耕棉田，地膜可以防止雨水直接冲击土壤表面，减少土壤板结，同时提高土壤温度，有利于棉花生长。

（3）整地方式

在播前，要进行精细整地。通过耙地、耱地等操作，使土壤细碎、平整。例如，使用圆盘耙将土壤耙碎，然后用耱耱地，使土壤表面平整，有利于均匀播种和种子发芽。同时，合理的整地方式还可以使土壤与种子紧密接触，提高种子发芽率和棉苗的成活率。

3. 合理轮作

（1）改善土壤结构的原理

作物根系形态和生长习性不同，对土壤结构的影响也不同。例如，豆科作物（如大豆）的根系有根瘤菌，能够固定空气中的氮素，同时其根系在土壤中生长时，可以疏松土壤，提高土壤孔隙度。在棉田轮作豆科作物后，改善土壤中的团粒结构，增强土壤通气性和透水性。而且，轮作还可以改变土壤微生物群落结构，有利于土壤有机质分解和土壤结构改善。

（2）选择轮作方式

在棉田轮作体系中，可以选择多种轮作方式。例如，棉花－小麦－玉米的三年轮作方式，或者棉花－大豆的两年轮作方式。在轮作过程中，根据气候条件、土壤条件和作物生长特点，合理安排轮作顺序和种植时间。同时，注意轮作作物之间衔接，避免影响土地利用率和作物的产量。

4. 施用土壤结构改良剂

（1）土壤结构改良剂的种类和作用

1）有机土壤结构改良剂。例如，腐殖酸类物质可以增大土壤有机质含量，改善土壤物理性质。腐殖酸类物质能够吸附在土壤颗粒表面上，使土壤颗粒团聚，形成良好的土壤结构。同时，它还能调节土壤酸碱度，增强土壤缓冲能力。

2）无机土壤结构改良剂。例如，在盐碱地棉田中，施用石膏可以改善土壤结构。石膏中的钙离子可以置换在土壤胶体上吸附的钠离子，降低土壤碱化度，使土壤颗粒分散，增强土壤通气性和透水性。

（2）施用方法和注意事项

土壤结构改良剂的施用方法因土壤结构改良剂的种类而异。可以将有机土壤结构改良剂与基肥一起施入土壤，通过翻耕或耙地，使其与土壤充分混合。根据土壤性质和改善的目标，确定无机土壤结构改良剂的施用量。在施用过程中，注意土壤结构改良剂的质量和适用性，对于不同的土壤质地，选择合适的土壤结构改良剂。同时，要按照说明书的要求施用土壤结构改良剂，避免过量施用造成浪费或对土壤造成不良影响。

三、低产土壤特征与改善措施

1. 低产土壤特征

（1）土壤肥力弱

低产棉田的土壤养分含量通常较小，特别是氮、磷、钾等大量元素和锌、铁、锰等微量元素缺乏。例如，土壤有机质含量可能小于1%，导致保肥性弱，无法为棉花生长提供足够的土壤养分。同时，土壤养分有效性也较弱，由于土壤结构不良或土壤酸碱度不适宜，土壤养分难以被棉花根系吸收。

（2）土壤物理性质差

低产土壤通气性、透水性和保水性往往较弱。可能存在土壤板结现象，土壤孔隙度低，棉花根系难以生长。例如，在一些黏土的低产棉田中，土壤质地黏重，土壤通气性弱，雨后容易积水，干旱时又容易干裂，对棉花根系造成损伤，影响棉花生长和发育。

（3）土壤盐渍化严重

部分低产棉田存在土壤盐渍化问题。土壤含盐量过大，会造成盐害。当土壤含盐量超过一定的限度时，棉花根系吸收土壤水分和土壤养分的能力减弱，棉花植株生长受到抑制，表现为叶片发黄、枯萎，甚至死亡。盐渍化土壤的酸碱度通常较高，一般大于8.5，土壤中的钠离子等碱性离子过多，破坏了土壤结构和土壤养分平衡。

2. 改善措施

（1）增强土壤肥力

大量施用有机肥是增强土壤肥力的关键措施，可以使用农家肥、绿肥等有机肥。例如，在棉田种植绿肥作物（如苜蓿），在其生长旺盛期进行翻压，作为有机肥施入土壤。绿肥作物的根系和地上部分在土壤中分解后，能够增加土壤有机质含量，改善土壤养分和土壤结构。同时，配合合理施用化肥，根据土壤养分测试结果，有针对性地补充氮、磷、钾等肥料，增强土壤肥力。

（2）改善土壤物理性质

对于土壤质地黏重的土壤，可以添加砂壤土、炉渣等物质，改善土壤质地。例如，将适量的砂壤土与黏土混合，能够增强土壤通气性和透水性。同时，采取深耕、深松耕等耕作措施，打破土壤的犁底层，提高土壤孔隙度。另外，覆盖秸秆或地膜，减少土壤水分蒸发，防止土壤板结。

学习单元2　盐碱地改良

掌握盐碱地改良措施。

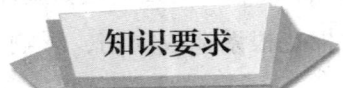

一、水利改良措施

1. 盐碱土冲洗改良

盐碱土冲洗改良一般采用大水压盐的方式,在春季或秋季,当土壤含盐量较大时进行。首先,土地平整,使灌溉水均匀分布;然后,进行漫灌,灌溉量要充足,一般每次灌溉深度达到 60~80 cm,让盐分充分溶解;灌溉后,及时排水,排水系统的埋深一般为 1~1.5 m,确保盐分随水排出。

2. 建设排水系统

建设排水系统是指在田间开挖纵横交错的排水沟。排水干沟深度一般为 1.5~2 m,排水支沟深度为 1~1.5 m。在排水沟底,设置一定的坡度,以便排水顺畅。在地下埋设有孔眼的排水管道。排水管道周围包裹滤料,如砂粒或砾石,防止土壤颗粒堵塞排水管道。采用暗管排水,可以有效降低地下水位,减少土壤返盐。根据土壤质地和土壤碱化度,确定排水管道的埋深和间距,一般埋深为 0.8~1.2 m,间距为 10~20 m。

二、物理改良措施

1. 深耕深翻

一般在秋季或春季进行深耕。根据土壤质地和土壤碱化度,确定翻耕深度,通常为 30~50 cm。在深耕过程中,要尽量使土壤破碎均匀。对于重度盐碱地,可以结合客土改良。在深耕时,掺入一定量的非盐碱土或改良剂。

2. 客土改良

首先,将盐碱地表层的盐碱土挖走一部分,深度约为 20~30 cm;然后,将运来的非盐碱土均匀地铺在挖走盐碱土的区域,根据实际情况,确定厚度,一般为 10~20 cm。如果掺和改良,将非盐碱土与盐碱土按一定的比例(如 1∶1 或 1∶2)混合均匀后,回填到盐碱地中。

三、化学改良措施

1. 施用石膏

在秋季或春季整地时，一般将石膏作为基肥施用。根据土壤碱化度和土壤含盐量，确定施用量，一般每亩施用量为 300~500 kg。可以将石膏均匀地撒在土壤表面上，然后通过深耕翻入土壤，使其与土壤充分混合。

2. 施用腐殖酸类肥料

可以将腐殖酸类肥料作为基肥或追肥施用。作为基肥时，每亩施用量为 200~300 kg；作为追肥时，可以将腐殖酸类肥料配制成一定浓度的溶液（如 0.1%~0.3%），通过灌溉系统或采用叶面喷雾的方式施用。

四、生物改良措施

1. 种植耐盐植物

在春季或秋季，将耐盐植物种子直接播种在盐碱地中。根据植物种类和种植密度要求确定播种量。例如，种植碱蓬，每亩播种量约为 0.5~1 kg。种植后，要适当浇水，保持土壤湿度，促进耐盐植物生长。当耐盐植物生长到一定的阶段，进行收割，将耐盐植物残体翻入土壤，增大土壤有机质含量，进一步改良盐碱地。

2. 微生物改良

可以通过拌种、蘸根或直接施入土壤等方式施用微生物菌剂（如芽孢杆菌、假单胞菌等）。在施用时，注意保持适宜的土壤温度、土壤湿度和土壤通气性，为微生物生长提供良好的条件。根据产品说明书和土壤条件，确定微生物菌剂的施用量，通常每亩施用量为 1~2 kg。

学习单元 3　整地措施

掌握墒情和整地措施。

知识要求

一、整地时间

1. 秋耕

（1）优点

1）秋季是重要的整地时间。在秋季棉花收获后，进行秋耕，有利于土壤熟化。此时，土壤温度比较适宜，土壤微生物较为活跃，在整地过程中，翻入土壤的残茬、杂草等有机质在土壤微生物的作用下，快速分解，增强土壤肥力。例如，棉花秸秆中的养分通过土壤微生物分解后，可以重新回到土壤中，为下一季棉花种植提供养分。

2）秋耕可以有效减少棉田杂草和病虫害。将杂草种子和部分害虫翻耕到土壤深层，使其难以萌发或生存。例如，棉铃虫的蛹在土壤中越冬，秋耕可以破坏其蛹室，降低来年棉铃虫的基数。同时，通过秋耕，可以掩埋杂草种子，使其在土壤深层因缺氧而难以萌发。

（2）注意事项

一般在棉花收获后的 10—11 月进行秋耕较为合适。这个时期土壤还未冻结，且农事活动相对较少，有足够的时间进行深耕和精细整地。不过，还需要根据气候条件，确定秋耕时间。在一些较寒冷的地区，可能需要提前进行秋耕，避免因土壤冻结而无法秋耕。

2. 春耕

（1）优点

如果没有进行秋耕或者秋耕质量不高，就需要进行春耕。春耕可以进一步改善墒情，为棉花播种做好准备。例如，在冬季积雪较多的地区，春季雪水融化后，土壤湿度较高，通过春耕可以疏松土壤，使土壤通气性和透水性更强，有利于种子萌发和棉花根系生长。

（2）注意事项

把握春耕时间，不能太晚。因为随着气温升高，土壤水分蒸发加快。如果春耕过晚，可能导致墒情变差。一般在土壤解冻后，表层土壤稍干（能进行田间作业）时，就可以开始春耕，通常在 3—4 月。同时，要尽量减少春耕对土壤结构的破坏，避免土壤过于细碎而导致土壤板结。

二、整地深度

1. 砂壤土

砂壤土本身颗粒较粗、土壤通气性强，但保水性和保肥性相对弱一些。对于砂壤土，整地深度一般为 20~30 cm。这样既能保证疏松土壤，改善土壤结构，又不会过度翻动而使土壤养分流失过快，利于棉花根系在相对疏松且土壤养分适宜的土壤中生长发育。

2. 壤土

壤土的土壤质地较为适中，兼具较强的土壤通气性、保水性、保肥性等特点。通常整地深度为 25~35 cm，适当提高整地深度有助于打破犁底层，进一步增强土壤通气性和透水性，使棉花根系更好地向深处伸展，吸收更多的土壤水分和土壤养分，为棉花生长营造良好的土壤环境。

3. 黏土

黏土颗粒细小、土壤质地黏重，土壤通气性和透水性较弱，而且容易板结。对于黏土，需要适当提高整地深度，一般为 30~40 cm。通过深翻等整地操作，可以有效增强土壤通气性和透水性，打破其紧实的结构，促进棉花根系更好地扎根，减少因土壤板结等问题对棉花根系生长造成阻碍。

三、墒情

1. 适宜墒情的判断标准

（1）土壤含水量范围

棉田的适宜墒情一般是指土壤含水量为田间持水量的 60%~70%。在这个范围内的土壤，用手紧握可以成团，松手后土壤团块不会散开，并且用手指轻压土壤团块时，土壤团块表面会出现少量水渍。这种墒情有利于种子萌发和棉苗生长。例如，在播种时，土壤含水量在此范围内，棉花种子能够顺利吸水膨胀，启动萌发过程。

（2）土壤质地对墒情的影响

不同的土壤质地的适宜墒情略有差异。黏土的保水性强，在相同的土壤含水量下，可能更湿一些；而砂壤土的保水性弱，在适宜墒情下，土壤可能相对干燥，用手握时仍能成团。例如，当土壤含水量达到田间持水量的 60% 时，黏土比较黏重；而在相同的土壤含水量下，砂壤土相对疏松。

2. 墒情不足的应对措施

（1）灌溉方式选择

当棉田墒情不足（土壤含水量小于田间持水量的60%）时，需要进行灌溉。可以选择滴灌、喷灌或沟灌等灌溉方式。

1）滴灌。滴灌是一种高效节水的灌溉方式，能够将水直接输送到棉花根系，减少土壤水分蒸发和渗漏。例如，对于在干旱地区的棉田，采用滴灌可以精确控制灌溉量，使土壤含水量逐渐恢复到适宜范围内。

2）喷灌。喷灌则是通过喷头将水喷洒在棉田上空，形成细小的水滴落下。喷灌可以提高空气湿度，同时补充土壤水分。

3）沟灌。沟灌是在棉田行间开沟，将水引入沟，通过渗透使土壤吸水。沟灌比较适合地势平坦的棉田。

（2）灌溉时间和灌溉量控制

根据棉花的生育期和天气情况，确定灌溉时间。在播前，如果墒情不足，要提前灌溉，保证在播种时有适宜墒情。在棉花生育期，要避免在高温时段灌溉，以免造成不良影响。根据土壤的缺水程度，确定灌溉量，一般使土壤含水量达到适宜范围即可。避免过度灌溉，导致土壤积水和土壤养分流失。

3. 墒情过多的应对措施

（1）排水措施

当棉田墒情过多（土壤含水量超过田间持水量的70%）时，需要及时排水。可以通过开挖排水沟、设置排水暗管等方式进行排水。根据棉田的地势和土壤质地，确定排水沟的深度和间距。例如，在地势较低的棉田，排水沟要挖得深一些，适当缩小间距，以保证排水顺畅。排水暗管一般埋设在土壤下层，能够有效地排出土壤积水，防止棉花根系因缺氧而受损。

（2）其他措施

对于雨水过多导致的墒情过多，可以在棉田周围设置围堰，防止外来水流入棉田。同时，在雨后及时进行中耕，疏松土壤，增强土壤通气性，促进土壤水分蒸发。

四、整地措施

1. 深耕结合施肥

（1）操作方法

在深耕时，要结合施肥来增强土壤肥力。一般先将有机肥（如堆肥、厩肥等）和部分化肥（如磷肥）均匀撒施在土壤表面上，然后进行深耕。例如，在每亩棉田中，施入 2~3 m³ 有机肥，30~50 kg 磷肥（如过磷酸钙）。翻耕深度达到 20~30 cm，使肥料与土壤充分混合。这样可以增大土壤有机质含量，改善土壤结构，同时为棉花生长提供长效的土壤养分。

（2）肥料与土壤的相互作用

有机肥中的腐殖质可以吸附和保存土壤养分，减少土壤养分流失。同时，深耕将肥料翻入土壤深层，有利于棉花根系下扎吸收土壤养分。例如，磷肥与土壤接触后，与土壤中的钙、铁、铝等元素发生化学反应，形成难溶性磷酸盐，在土壤中缓慢释放，为棉花的全生育期提供磷素。

2. 耙地和土地平整

（1）耙地的作用和工具

耙地是指在深耕或浅耕后进行整地作业。耙地的主要作用是破碎土块，使土壤细碎、土地平整。可以使用圆盘耙或钉齿耙进行耙地。圆盘耙适用于破碎较大的土块，其工作原理是通过旋转圆盘将土块切碎。钉齿耙用于进一步细碎土壤和平整土地。钉齿耙的齿能够插入土壤，将土块破碎，并使土壤表面更加平整。例如，在深耕后的棉田中，先使用圆盘耙破碎土块，然后使用钉齿耙精细整地，使土壤满足播种要求。

（2）土地平整的重要性和方法

土地平整对于棉田的灌溉和排水非常重要。如果土地不平整，在灌溉时会导致土壤水分分布不均匀，部分区域积水，部分区域缺水。在排水时，低洼处容易积水，影响棉花生长。可以使用水准仪等工具进行测量，通过填土或挖土，将平整度误差控制在一定的范围内。例如，对于大型棉田，要求平整度误差在 ±3 cm 以内，以保证灌溉和排水的效果。

3. 镇压

（1）镇压的目的和时机

镇压的目的是使土壤与种子紧密接触，保证种子顺利吸水发芽。在干旱或半干旱地区，镇压还可以减少土壤水分蒸发。一般在播后进行镇压。例如，对于土壤质地较松的棉田，播后镇压可以使土壤与种子紧密接触，有利于种子吸收土壤水分和土壤养分。

（2）镇压的工具和力度

可以使用专门的镇压器，如圆筒形镇压器或 V 形镇压器。根据土壤质地和墒情，确定镇压力度。对于壤土的棉田，镇压力度适中即可；对于砂壤土的棉田，镇压力度要小一些，以免土壤过于紧实；而对于黏土的棉田，镇压力度可以稍大，但要避免土壤板结。例如，使用圆筒形镇压器在壤土的棉田镇压时，可以根据实际情况，适当调整镇压器的质量，压实土壤表面，深度达到 2~3 cm。

五、整地

1. 整地前的准备工作

（1）清理杂物

在整地前，需要将棉田中的杂草清理干净。可以使用秸秆还田机将前茬粉碎还田，或运出棉田。

（2）检查墒情

墒情对整地效果有很大影响。过干的土壤难以破碎和平整，过湿的土壤在整地过程中容易形成泥块，也不利于后续播种。可以通过手抓土壤的方式判断墒情，手握土壤成团，落地即散，说明墒情适宜。如果土壤过干，可以在整地前适当灌溉，使土壤湿润；如果土壤过湿，则需要等待土壤稍干后，再进行整地。

2. 整地方法

（1）深耕

使用拖拉机牵引深耕犁进行深耕。在深耕过程中，要保持深耕犁的深度一致，避免出现深浅不一的情况。可以通过调节装置调整深耕犁的入土角度和入土深度。同时，控制拖拉机的前进速度，前进速度过快可能导致深耕质量下降，土壤破碎不充分。

（2）旋耕

旋耕机的刀片要锋利，以确保较强的破碎效果。旋耕深度一般为 12~18 cm。在旋耕过程中，注意旋耕机的前进速度和旋耕深度配合，避免漏耕或重耕。通常，控制旋耕机的前进速度为 2~3 km/h。

（3）耙地

使用圆盘耙时，根据土块大小和土壤质地调整圆盘耙的入土深度，一般入土深度为 8~12 cm。在操作过程中，注意圆盘耙的入土角度和前进速度，保证耙地效果均匀。钉齿耙的入土深度相对较浅，通常为 3~6 cm。使用时，确保钉齿没有损坏，能够正常插入土壤进行整地。

3. 整地后的质量检查与后续处理

（1）检查平整度

整地完成后，要检查平整度。可以使用水准仪或采用简单的拉线测量方法。平整度对于棉花播种和灌溉非常重要，不平整的土地会导致播种深度不一致，灌溉时，土壤水分分布不均匀。如果发现土地不平整，需要再次使用耙地工具进行平整，或者使用平地机进行精细平整。

（2）检查土壤颗粒

检查土壤颗粒的大小和均匀度。合适的土壤颗粒应该是细小的、均匀的，没有明显的大土块。如果土壤颗粒过大，可能影响棉花种子与土壤接触，不利于种子萌发。对于土壤颗粒不符合要求的区域，可以通过人工破碎土块或者再次旋耕进行改善。

（3）镇压（根据需要）

在一些干旱或半干旱地区，整地后可能需要进行镇压。镇压可以使土壤紧实，减小土壤孔隙，增强土壤的保墒能力。可以使用镇压器进行镇压，镇压力度适中，避免土壤过于紧实，影响棉花根系生长。一般镇压后的土壤容重以 $1.2 \sim 1.4 \ g/cm^3$ 为宜。

学习单元 4　灌溉技术与排水技术

了解灌溉技术与排水技术。

一、灌溉技术

1. 灌溉要求

（1）根据生育期确定灌溉量和灌溉频率

1）苗期。在苗期，棉花需水量相对较小，一般占全生育期总需水量的 15% ~

20%。此时灌溉要适量，保持田间持水量的55%~60%即可。因为在苗期，棉花根系尚不发达，过多的土壤水分容易导致土壤通气性减弱，影响棉花根系生长。例如，对于壤土的棉田，在苗期，如果土壤含水量过大，可能使棉花根系发黄、生长缓慢。

2）蕾期。在蕾期，棉花生长速度加快，需水量增大，约占全生育期总需水量的20%~25%。应适当增大灌溉量，使田间持水量保持在60%~70%。在蕾期，充足的土壤水分有助于棉花植株的营养生长和生殖生长协调发展，促进花芽分化和花蕾形成。

3）花铃期。花铃期是棉花需水量的高峰期，占全生育期总需水量的45%~65%。此时要保证充足的水分，田间持水量应保持在70%~80%。因为在花铃期，蒸腾作用旺盛，水分不足导致蕾铃脱落，影响棉花产量。例如，在高温干旱天气下，在花铃期，棉花如果得不到及时灌溉，每天的蕾铃脱落率可能显著提高。

4）吐絮期。棉花进入吐絮期后，需水量逐渐减小，占全生育期总需水量的10%~20%。此时保持田间持水量为55%~65%即可。适当控制灌溉量有利于棉花吐絮，防止棉花贪青晚熟。

（2）水质要求

用于灌溉棉田的水应符合一定的质量要求，不应含有过多的有害物质，如重金属（汞、镉、铅等）、有害盐分（氯化钠、硫酸钠等，特别是在盐碱地棉田附近的水源）和有害微生物（如病原菌、寄生虫卵等）。例如，水的含盐量过大会导致土壤盐渍化加重，影响棉花生长。一般来说，灌溉用水的含盐量应小于1~2 g/L。同时，水温也应适宜。如果水温过低（如低于10 ℃），可能对棉花根系造成冷害，尤其是在棉花生长初期。

2. 灌溉方式

（1）地面灌溉

1）沟灌（见图2-1）。沟灌是一种传统的灌溉方式。在棉田行间开沟，根据棉花种植方式和土壤质地等因素，确定沟的深度和间距。一般深度为20~30 cm，间距为60~80 cm。灌溉时，将水引入沟，水在沟中流动，通过土壤毛细管作用和侧向渗透，使土壤湿润。沟灌的优点是操作简单，成本较低，适用于地势平坦的棉田。但是，沟灌的用水效率相对较低，容易造成水资源浪费，而且可能导致局部土壤积水。

2）漫灌（见图 2-2）。漫灌是指将水直接引入棉田，让水在土壤表面漫流。漫灌的用水量较大，容易造成土壤板结和土壤养分流失。一般只在水源充足且对平整度要求不高的地区使用，并且需要良好的排水设施。例如，对于一些靠近河流且是黏土的棉田，在灌溉初期可以采用漫灌使土壤充分吸水，随后及时排水，避免土壤积水。

图 2-1 沟灌

图 2-2 漫灌

（2）喷灌

喷灌是指通过喷头将水喷成细小的水滴，均匀地洒落在棉田上。喷头可以安装在固定的位置，也可以是移动的。可以根据棉田的面积和形状，设计喷灌系统。喷灌的优点是均匀地灌溉棉田，提高灌溉水的利用率，同时还可以调节棉田的小气候，提高空气湿度，降低温度。例如，在干旱炎热的天气下，喷灌可以为棉花营造一个相对凉爽湿润的环境。不过，喷灌设备的投资和维护成本较高，而且在风力较大时，水滴容易被风吹走，影响灌溉效果。

（3）滴灌

滴灌（见图 2-3）是一种高效节水的灌溉方式，通过滴头将水一滴一滴地缓慢滴入棉花根系附近的土壤中。滴灌系统包括水源、过滤器、施肥装置、管道和滴头。滴灌可以精确控制灌溉量和灌溉时间，将水分直接供应到棉花根系最需要的地方，减少水分蒸发和渗漏。同时，滴灌还可以与施肥相结合，实现水肥一体化。例如，在水资源匮乏的地区，滴灌在保证棉花生长所需水分的同时，最大限度地节约水资源。滴灌系统的初期投资较大，对设备维护和管理的要求较高，如滴头容易堵塞，需要定期清洗和维护。

图 2-3 滴灌

二、排水技术

1. 排水要求

（1）土壤质地的排水要求

1）黏土。黏土的透水性弱，排水速度相对较慢。对于黏土的棉田，一般要求在降雨后的 2~3 天内，地下水位降低到地面以下 60~80 cm，以保证棉花根系正常生长。因为黏土的保水性强，积水时间过长容易导致土壤通气性弱，棉花根系缺氧。

2）壤土。壤土的透水性适中。在降雨后 1~2 天内，地下水位降低到地面以下 50~70 cm，使壤土既保持一定的含水量，又不会因积水而影响棉花生长。

3）砂壤土。砂壤土的透水性强，排水速度快。通常在降雨后数小时至 1 天内，地下水位会降低到地面以下 40~60 cm。不过，砂壤土的保水性弱，注意在排水后及时补充土壤水分，以满足棉花生长的需求。

（2）棉花生育期的排水要求

1）苗期。在苗期，棉花根系较浅，对积水较为敏感。在降雨或灌溉后，确保积水及时排出，使土壤表层（0~20 cm）保持适宜的含水量和土壤通气性。如果在苗期，积水时间过长，可能导致棉苗根系腐烂，影响棉苗的成活率。

2）蕾期和花铃期。在蕾期和花铃期，棉花植株生长旺盛，棉花根系分布范围扩大。此时的排水要求是保证土壤下层（20~60 cm）有良好的排水条件，避免地下水位过高或土壤积水导致棉花根系缺氧，从而影响棉花的营养生长和生殖生长。

3）吐絮期。在吐絮期，棉田排水主要是为了防止土壤过湿，影响棉花的吐絮质量和采摘。要求棉田土壤保持适度的干燥，应维持地下水位在较低的水平，一般在地面以下 60～80 cm。

2. 排水措施

（1）明沟排水

1）田间排水沟。在棉田中，设置纵横交错的田间排水沟。一般纵向排水沟（排水干沟）沿棉田长度方向布置，深度为 80～100 cm，沟底宽度为 30～50 cm；横向排水沟（排水支沟）垂直于排水干沟，深度为 60～80 cm，沟底宽度为 20～30 cm。根据棉田的地形、土壤质地和降雨量等因素，确定田间排水沟的间距，一般为 20～50 m。田间排水沟可以有效地排出积水，使雨水或多余的灌溉水及时流出棉田。

2）田边排水沟和排水渠（见图 2-4）。在棉田周边设置田边排水沟，与田间排水沟相连。田边排水沟的深度和宽度要比田间排水沟高，用于收集和输送田间排水。排水渠则是将多个棉田的排水汇集到一起，排到河流、湖泊或其他排水系统中。例如，在地势较低的棉田区域，排水渠的作用尤为重要，可以防止棉田因周边区域的来水而发生内涝。

图 2-4 常见的田边排水沟（新疆）

（2）暗管排水（见图 2-5）

1）排水暗管的布置和材质。暗管排水是指在棉田地下埋设有孔眼的排水管道进行排水。排水暗管一般采用塑料管材，如 PVC。排水暗管的布置方式有平行式和鱼骨式等。平行式是将排水暗管平行铺设在棉田地下，间距一般为 10～20 m；鱼骨式是在主管道两侧分支铺设管道，排水效果更强，但成本相对较高。根据土壤质地和排水要求，确定排水暗管埋深，一般为 60~100 cm。

2）暗管排水的原理和优点。当棉田土壤中有积水时，水通过土壤孔隙进入排水暗管，然后通过排水暗管排走。暗管排水的优点是不占用耕地，不影响田间作业，而且排水效果强，可以有效地降低地下水位，改善土壤通气性和透水性，尤其适用于地势平坦的、土地集中的大型棉田。不过，暗管排水系统的初期投资较大，对施工技术要求较高，需要定期检查和维护排水暗管，防止堵塞。

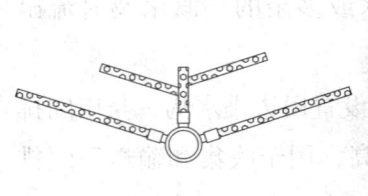  

排水暗管示意图　　　　包有滤网的排水暗管　　　　排水暗管排水口

图 2-5　暗管排水

学习单元 5　滴灌带铺设

掌握滴灌带铺设的方法。

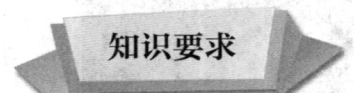

一、滴灌带选型

对于砂壤土的棉田，由于土壤的保水性弱，土壤水分容易下渗，通常选择滴头流量较大的滴灌带，一般滴头流量为 2~3 L/h；对于黏土的棉田，土壤的保水性强，土壤水分横向扩散慢，可以选择滴头流量较小的滴灌带，滴头流量为 1~2 L/h。

二、管道系统安装准备

1. 布置规划主管和支管

在铺设滴灌带之前,需要规划主管和支管的位置。主管一般沿着棉田的长边方向铺设,根据灌溉面积和水源流量,确定管径,通常选用管径为 75~110 mm 的 PVC 管。垂直于主管铺设支管,管径一般为 32~63 mm。根据滴灌带的铺设长度和棉田宽度,确定支管间距,一般为 4~8 m。

2. 检查管件连接

检查各种管件(如三通、弯头、阀门等)是否齐全,并且确保管件之间连接紧密、无渗漏。在连接管件时,要按照正确的方法操作。例如,使用胶水连接 PVC 管时,要保证胶水涂抹均匀,连接后有足够的固化时间。

三、滴灌带铺设的方法和技巧

1. 铺设方向和铺设方式

(1)铺设方向

滴灌带通常沿着棉花种植行方向铺设,可以直接将灌溉水输送到棉花根系附近。在有坡度的棉田中,滴灌带的铺设方向应尽量与坡面平行,以避免灌溉水在重力作用下在局部区域积聚,导致灌溉不均匀。

(2)铺设方式

可以采用机械铺设和人工铺设两种铺设方式。机械铺设的效率高,适用于大面积棉田。采用机械铺设,要将滴灌带安装在铺设机上,按照设定的速度和方向铺设。人工铺设则适用于小面积棉田或地形复杂的区域,用人工将滴灌带展开,沿着棉花种植行摆放,避免滴灌带扭曲和打结。

2. 深度要求和固定方法

(1)深度要求

滴灌带的深度一般为 2~3 cm,既可以减少滴灌带受到外界因素(如阳光直射、机械损伤等)的影响,又保证灌溉水顺利地渗透到棉花根系周围。如果深度过浅,滴灌带容易被风吹走或受到太阳暴晒而老化;如果深度过深,可能增大灌溉水的渗透阻力,影响灌溉效果。

(2)固定方法

为了防止滴灌带在灌溉过程中或受到外力作用移动,可以采用土埋或使用专用固定钉进行固定。在铺设滴灌带后,每隔一定的距离(一般为1~2 m),用土轻轻覆盖滴灌带两侧,或者使用专用固定钉将滴灌带固定在地面上。

四、铺设滴灌带后的检查和维护

在铺设滴灌带后,进行滴灌系统压力测试,以检查整个滴灌系统是否存在漏水等问题。定期检查滴灌带有无破损、堵塞、移位等情况。

学习单元 6　除草剂施用

掌握除草剂施用的方法。

一、除草剂配制

1. 配制乳剂除草剂、水剂除草剂和胶悬剂除草剂

(1)配制乳剂除草剂

1)配制原理。乳剂除草剂是将不溶于水的除草剂原药溶解在有机溶剂中,再加入乳化剂制成的。在配制乳剂除草剂时,根据使用说明,确定所需的浓度和用量。例如,若要配制某乳剂除草剂用于棉田除草,推荐使用1 000倍液。

2)操作步骤。先将适量的药剂倒入清洁的容器,然后缓慢加入一定量的水,边加边搅拌。搅拌时,可以使用玻璃棒等工具,按照同一方向搅拌,使药剂充分乳化均匀。由于乳剂除草剂含有有机溶剂,在配制过程中,要远离火源,避免有机溶剂挥发,引起火灾或爆炸。同时,注意保护皮肤和呼吸道,防止乳剂除草剂对人体造成伤害。

(2)配制水剂除草剂

1)配制原理。水剂除草剂是除草剂原药的水溶液,配制相对简单。它的有效成分已经溶解在水中，只需按照规定的浓度稀释即可。

2）操作步骤。准确量取所需的水剂除草剂和水。例如，配制 10 L 的 500 倍液水剂除草剂，需要量取 20 mL 水剂除草剂，加入 10 L 的清洁水，搅拌均匀。搅拌时，速度适中，避免产生过多泡沫，影响水剂除草剂的质量。

（3）配制胶悬剂除草剂

1）配制原理。胶悬剂除草剂是将不溶性的固体除草剂原药分散在水中，加入助剂形成的一种悬浮液。它的配制关键在于使颗粒均匀分散，防止沉淀。

2）操作步骤。在配制时，先将部分水加入容器，然后缓慢加入胶悬剂除草剂，边加边搅拌。在搅拌过程中，逐渐加入剩余的水，使药剂充分悬浮。例如，配制胶悬剂除草剂时，先加入 1/3 的水，再加入胶悬剂除草剂，搅拌均匀后，加入剩下的水继续搅拌，直到形成均匀的悬浮液。如果暂时不用配制好的胶悬剂除草剂，要放置在阴凉处，并且定期搅拌，防止颗粒沉淀。

2. 配制可湿性粉剂除草剂、干燥悬浮剂除草剂

（1）配制可湿性粉剂除草剂

1）配制原理。可湿性粉剂除草剂是由除草剂原药、填料和湿润剂等混合制成的。当配制可湿性粉剂除草剂时，需要将其充分分散在水中，使其均匀地覆盖在杂草表面上。

2）操作步骤。首先，将适量的可湿性粉剂除草剂倒入容器，加入少量的水，搅拌成糊状。这一步很关键，确保可湿性粉剂除草剂完全湿润，没有结块。然后，逐渐加入剩余的水，搅拌均匀。例如，配制某可湿性粉剂除草剂，先将可湿性粉剂除草剂倒入小容器，加入少量水搅拌成均匀的糊状后，再倒入喷雾器，加入足够的水，搅拌或摇晃喷雾器，使可湿性粉剂除草剂喷雾均匀。注意配制的可湿性粉剂除草剂容易沉淀，在使用过程中要经常搅拌。

（2）配制干燥悬浮剂除草剂

1）配制原理。干燥悬浮剂除草剂是一种新型的剂型，将除草剂原药、助剂等加工成干燥的颗粒状，在水中迅速分散悬浮。

2）操作步骤。在配制时，将干燥悬浮剂除草剂缓慢加入水，同时进行搅拌。一般来说，搅拌速度要比配制可湿性粉剂除草剂稍快一些，以确保干燥悬浮剂除草剂迅速分散。例如，将干燥悬浮剂除草剂倒入水后，使用电动搅拌器以中速搅拌 3~5 min，使干燥悬浮剂除草剂均匀悬浮。在施用过程中，也需要适当搅拌干燥悬浮剂除草剂，以保持悬浮状态。

二、除草剂施用

1. 施用时间

一般选择在播后、杂草种子萌发前，喷雾处理土壤。对于采用覆膜栽培地区，在播前，喷雾处理土壤。依据气候条件、墒情等，确定施用时间，通常在土壤温度稳定为10 ℃左右，且土壤湿度适宜（土壤含水量以60%~80%为宜）时施用，确保除草剂在土壤中形成有效的药层，最大程度发挥抑制杂草萌发的作用。过早施用，可能因土壤温度过低、土壤过干等因素影响药效；过晚施用，杂草种子可能已经开始萌发，防除效果就会大打折扣。

2. 常用除草剂的种类

（1）二甲戊灵

二甲戊灵是一种选择性的土壤封闭除草剂，对于一年生禾本科杂草和阔叶杂草都有不错的防除作用，如能有效控制稗子、看麦娘、反枝苋、马齿苋等杂草。它在土壤中的移动性较弱，不易淋溶，安全性相对较高，在多种土壤质地的棉田中均可施用。在砂壤土等土壤通气性强的土壤中施用时，注意适当减小施用量，防止药剂下渗对棉花根系造成影响。

（2）乙草胺

乙草胺是一种施用较为广泛的酰胺类土壤封闭除草剂。它对一年生禾本科杂草，如稗子、狗尾草、马唐等有很强的防除效果，同时对部分小粒种子阔叶杂草，如马齿苋、藜等也能起到一定的抑制作用。它的持效期相对适中，在土壤中的活性受土壤湿度、土壤温度等因素影响较大，一般在土壤温度稳定为10 ℃左右、土壤含水量适宜时施用，效果更强。

（3）氟乐灵

氟乐灵属于二硝基苯胺类除草剂，主要用于防除一年生禾本科杂草，如牛筋草、画眉草等，防除效果显著。它的特点是易挥发，施用后需要及时混土，将药剂混入土壤表层一定的深度（通常为3~5 cm），既能保证药剂在土壤中发挥作用，又能避免药剂挥发损失药效，其持效期相对较长，能较持久地防除杂草。

（4）氟啶草酮

氟啶草酮是一种吡咯烷酮类除草剂，是类胡萝卜素生物合成抑制剂，通过抑制杂草体内类胡萝卜素合成，使杂草无法正常进行光合作用，导致杂草叶片白化，最终无法制造足够的养分而死亡。氟啶草酮主要用于防除棉花田间的龙葵等杂草，对多种禾本科和阔叶杂草也有一定的防除效果。氟啶草酮的内吸性较强，能够被杂草的根系、叶片等部位吸收，并在杂草体内传导，从而达到较强的防除效果。氟啶草酮一般持效期在2年以上，能在较长时间内，持续控制杂草生长。氟啶草酮对除棉花外的小麦、玉米、番茄等下茬作物造成一定的影响。在西北内陆棉区的交叉种植区域施用氟啶草酮，需特别慎重。

（5）丙炔氟草胺

丙炔氟草胺属于原卟啉原氧化酶抑制剂，杂草吸收药剂后，会引起原卟啉积累，使细胞膜脂质过氧化作用增强，对敏感杂草的细胞膜结构和细胞功能，造成不可逆损害，导致杂草萎蔫、发白、干枯，直至枯死。丙炔氟草胺主要用于防除一年生阔叶杂草和部分禾本科杂草，如鸭跖草、黄花稔、苍耳、苘麻、马齿苋、鼬瓣花、萹蓄、马唐、反枝苋、香薷、牛筋草、藜属杂草、蓼属杂草等，对稗子、狗尾草、金狗尾草、野燕麦等禾本科杂草也有很强的杀灭作用，尤其对反枝苋、马齿苋、铁苋菜、绿穗苋、龙葵、小飞蓬、藜等恶性杂草的防除效果显著。春季低温多雨，或温度高于30 ℃，对部分棉苗可能造成药害，最佳施药温度为13~25 ℃；部分棉田可能出现短暂蹲苗，气温回升后棉苗可以恢复生长，也可以喷施芸苔素内酯、胺鲜酯、复硝酚钠等，促进作物生长的植物营养类产品，使棉苗迅速恢复生长。

（6）扑草净

扑草净是一种三氮苯类内吸性传导型除草剂。扑草净主要通过杂草的根系吸收，也可以从茎叶渗入植物体内，然后通过蒸腾流进行传导，抑制杂草的光合作用，使杂草产生缺绿症，逐渐枯黄而死。扑草净可以防除稗子、马唐、千金子、野苋菜、蓼、藜、马齿苋、看麦娘、繁缕、车前草等一年生禾本科杂草及阔叶杂草。施药时，要求土壤湿润。春季气温骤升时，易造成药害，尤其在加大施用量的情况下，要特别小心。气温高于30 ℃时，施用扑草净，可能对棉花等作物造成药害。

3. 药剂配制

严格按照说明书上标注的剂量，配制除草剂。通常先将一定量的除草剂原药倒入清洁的容器，再加入适量的清水，充分搅拌均匀，使其完全溶解后，倒入喷雾器的药箱，然后继续加水至规定的喷雾容量，再次搅拌均匀，保证药剂在喷雾液中均匀分布，避免出现局部浓度过高或过低的情况，影响防除效果，或造成药害。

4. 喷雾操作

使用背负式喷雾器、电动喷雾器、机动喷雾器等合适的喷雾器进行喷雾施药。施药时,要保持喷雾器喷头与地面距离适中,一般为 30~50 cm,确保喷雾均匀,使药剂在土壤表面上形成一层连续的、均匀的药膜。喷雾时,行走速度要均匀,避免重喷或漏喷。全面覆盖整个棉田,包括田边地头、田埂等容易滋生杂草的地方。施药后,需要及时混土,可以使用耙子、旋耕机等工具,将药剂混入土壤表层 3~5 cm 深处。混土要深度均匀,动作迅速,一般在施药后 2 h 内完成,才能最大程度发挥除草剂的作用,同时减少药剂挥发等原因造成的损失。

5. 影响因素

(1) 土壤因素

不同的土壤质地对土壤封闭防除效果影响较大。例如,砂壤土的土壤通气性强,但保水性、保肥性相对弱些,施用除草剂时,要适当减小施用量,防止药剂下渗过快,对棉花根系造成不良影响;而黏土的土壤质地黏重,土壤通气性弱,药剂在其中扩散相对较慢,施药后,需要适当提高混土深度或延长混土时间,保证药剂均匀分布在需要发挥作用的土壤中。土壤酸碱度也会影响除草剂的活性,多数除草剂在中性至微酸性土壤中活性较强,所以对于偏碱性土壤,选择合适的除草剂或适当调整施用量。

(2) 气候因素

温度和湿度是关键的气候因素。土壤温度适宜是保证除草剂发挥作用的重要条件,温度过低,除草剂的活性受到抑制,防除效果变弱;温度过高,一方面部分药剂挥发加快,另一方面可能增加棉花药害的风险。土壤湿度适中有利于除草剂在土壤中形成良好的药膜,过干的土壤不利于药剂扩散和发挥作用,过湿的土壤则可能使药剂随水流失或淋溶到棉花根系周围,造成药害。

6. 注意事项

在施药过程中,要穿戴防护服、手套、口罩等防护用品,防止药剂接触皮肤、呼吸道等,避免对自身健康造成伤害。施药后,要及时清洗喷雾器等施药工具,妥善处理剩余药剂和包装物,防止对环境造成污染。同时,要密切关注棉花的生长情况,若发现药害迹象,如叶片发黄、生长迟缓等,要及时采取相应的补救措施,如及时浇水、施肥,促进棉花正常生长。

学习单元 7　棉田除草剂土壤封闭处理

掌握棉田除草剂土壤封闭处理的方法。

一、除草剂选择

1. 根据杂草种类选择

（1）以禾本科杂草为主的棉田

如果棉田的主要杂草是马唐、狗尾草、牛筋草等禾本科杂草，可以选择乙草胺、精异丙甲草胺等除草剂。

（2）以阔叶杂草为主的棉田

对于以藜、马齿苋、反枝苋等阔叶杂草为主的棉田，可以选择氟乐灵、扑草净等除草剂。

（3）禾本科杂草和阔叶杂草混合的棉田

当棉田同时存在禾本科杂草和阔叶杂草时，可以选择二甲戊灵、仲丁灵等除草剂。

2. 根据土壤特性选择

（1）土壤质地

对于砂壤土，除草剂的淋溶性较强，应选择吸附性较强、不易淋溶的除草剂，如精异丙甲草胺等。

（2）土壤酸碱度

除草剂在不同酸碱度的土壤中有不同的活性。例如，扑草净在酸性土壤中的活性较强，在碱性土壤中活性会减弱。

二、施药时间和气候条件

1. 施药时间

（1）播前施药

一般在播前 3~7 天进行土壤封闭处理，可以使除草剂在土壤表层形成药层，在杂草种子萌发时发挥作用。例如，在春季播种棉花前，提前施药，当温度升高、杂草种子开始萌发时，除草剂就能有效抑制杂草生长。

（2）播后施药（苗前）

如果在播后施药，确保棉花种子已经覆土，且在棉花尚未出苗前，完成施药。施药时间一般在播后 1~3 天。棉花种子在土壤中有一定的保护机制，在覆土后，适当的除草剂不会对其造成危害，同时有效防除杂草。

2. 气候条件

（1）温度

温度对除草剂的效果有重要影响。一般来说，温度在 10 ℃ 以上时，除草剂的活性较强，能够正常发挥作用。如果温度过低，除草剂的活性会减弱，影响防除效果。例如，在早春温度较低的时候，要选择在温度较高的时段施药，如中午前后。

（2）湿度

土壤湿度适中有利于除草剂发挥药效。如果土壤过于干燥，除草剂难以在土壤中形成有效的药层，影响防除效果；如果施药后短时间内有大雨，可能导致除草剂被雨水冲刷，减弱药效。理想的情况是在施药前适量降雨或灌溉，使土壤湿度保持一定的水平，施药后短时间内（1~2 天）无大雨。

三、施药方法和剂量控制

1. 施药方法

（1）喷雾法

喷雾法是最常用的施药方法。使用背负式喷雾器或机动喷雾器，将除草剂配制成一定浓度的药液，均匀地喷施在土壤表面上。在喷施时，要保持喷头与地面的距离适中（一般为 30~50 cm），喷施速度均匀，避免漏喷或重喷。例如，在喷施乙草胺时，确保药液均匀地覆盖整个棉田土壤表面上，形成完整的药层。

（2）撒施法（颗粒剂）

对于一些制成颗粒的除草剂，可以采用撒施法。将除草剂颗粒均匀地撒在土壤表面上，然后通过浅耕或耙地等方式，使除草剂与土壤混合。撒施时，注意除草剂颗粒分布的均匀度，一般可以采用人工撒施或机械撒施。例如，使用一些含有除草剂的复合肥料颗粒，在施肥的同时进行除草。撒施法操作简单，但对除草剂均匀分布的要求较高。

2. 控制剂量

（1）根据说明书和试验确定剂量

要严格按照说明书的要求，控制除草剂的剂量。不同的除草剂、不同的土壤质地和杂草情况，剂量可能有所不同。在大面积施用前，先进行小面积的试验，确定最佳的剂量。例如，施用二甲戊灵时，一般每亩施用量为 150~200 mL。对杂草密度较高的棉田，需要适当增大施用量，但不能超过说明书规定的最大剂量。

（2）避免剂量过高或过低

剂量过高可能对棉花种子或棉苗造成药害，导致棉花生长不良甚至死亡。剂量过低则无法达到较强的防除效果，杂草容易反弹，影响棉花生长。

四、注意事项

1. 避免破坏药层

施药后，要尽量避免在棉田进行中耕、灌溉等操作，以免破坏在土壤表面形成的药层。如果需要灌溉，应采用小水漫灌的方式，避免药层被水流冲走。例如，在施药后一周内，不要进行深中耕，以免将下层未受药的杂草种子翻到土壤表层，同时也不要进行大水漫灌。

2. 观察棉花生长和杂草情况

（1）观察棉花生长

施药后，要密切观察棉花的生长情况，查看是否造成药害。如果棉花出现叶片发黄、生长迟缓等异常情况，可能是除草剂使用不当造成的药害。此时，要及时采取补救措施，如加强灌溉，稀释土壤中除草剂的浓度，或者喷施一些植物生长调节剂。

（2）观察杂草情况

定期检查棉田杂草的防除效果。如果发现杂草未被防除，要分析原因，可能是除草剂选择不当、剂量不够或者施药不均匀等。针对不同的原因，可以采取重新施药（选择合适的除草剂和施药方法）、补喷等措施，增强防除效果。

培训课程 2 直播

学习单元1 棉籽脱绒

了解棉籽脱绒的方法。

一、棉籽脱绒的目的和意义

棉籽脱绒后,棉籽表面光滑,流动性强,有利于机械播种和种子萌发。可以有效去除棉籽表面的病菌和虫卵,减少苗期病害。

二、棉籽脱绒的方法

1. 机械脱绒

机械脱绒是指使用内壁粗糙的滚筒,棉籽在滚筒内随着滚筒旋转不断翻滚、碰撞和摩擦,达到脱绒的目的。注意控制棉籽的进料速度和滚筒的转速。

2. 气流脱绒

气流脱绒是指利用高速气流的冲击力将棉绒从棉籽表面吹离。注意调节气流的速度和压力。

3. 化学脱绒

（1）硫酸脱绒

硫酸脱绒是指将棉籽放入耐酸的容器，然后缓慢加入适量的浓硫酸（一般为棉籽质量的 10%~15%），同时不断搅拌，使棉籽表面的棉绒与硫酸充分接触。反应一段时间后（约 10~15 min），将棉籽用清水反复冲洗，直到冲洗液的酸碱度接近中性，去除残留的硫酸和碳化的棉绒。浓硫酸具有强腐蚀性，注意安全防护。同时，要严格控制硫酸的用量和反应时间。

（2）药剂脱绒

药剂脱绒是指采用一些化学药剂（如脱绒剂）与棉绒发生化学反应，使棉绒软化、脱落。常见的脱绒剂有表面活性剂类、氧化剂类等。根据药剂的种类和棉籽的情况，确定浸泡时间，一般为 0.5~2 h。浸泡后，用清水冲洗棉籽，去除脱绒剂和脱落的棉绒。

三、种子处理和质量检测

1. 种子处理

种子处理可以采用自然晾晒或使用烘干机进行干燥，也可以对脱绒后的棉籽进行包衣处理。包衣剂含有杀菌剂、杀虫剂、植物生长调节剂和微量元素等成分。将棉籽放入包衣机，按照一定的比例（如药种比为 1∶50~1∶100）加入包衣剂，使棉籽表面均匀地包裹一层包衣剂。包衣剂能够为棉苗提供持续的保护。

2. 质量检测

（1）发芽试验法

发芽试验法是指随机抽取一定数量（如 100 粒）的脱绒棉籽，放在培养皿或发芽床上，提供适宜的温度（一般为 25~30 ℃）、湿度和光照条件，观察棉籽的发芽情况。计算种子发芽率（种子发芽率 = 发芽种子数 / 供试种子数 ×100%），脱绒棉籽的种子发芽率应不低于未脱绒棉籽的种子发芽率，一般要求在 85% 以上。

（2）形态特征检测法

形态特征检测法是指通过观察棉籽的形态特征（如形状、颜色、大小），结合基因检测等方法，检查脱绒棉籽的品种纯度。确保棉籽品种纯正，没有混杂其他品种的棉籽。棉籽的品种纯度一般要求在 95% 以上。

（3）种子纯净度检测法

种子纯净度检测法是指将脱绒棉籽放在筛子上，去除杂质（如破碎的棉籽、残留的棉绒等），然后检测种子纯净度（种子纯净度 = 纯净棉籽质量 / 棉籽总质量 × 100%）。脱绒棉籽的种子纯净度应有所提高，一般要求达到 98% 以上。

学习单元 2　播种方法和播种方式

掌握播种方法和播种方式。

一、播种方法

1. 撒播

（1）操作过程

撒播是一种较为简单的播种方法。首先，将棉花种子均匀地撒在平整好的土壤表面上。在撒播前，确保墒情适宜，一般土壤含水量以田间持水量的 60%～70% 为宜。例如，在壤土的棉田中，用手紧握土壤能成团，松手后土壤团块不散开的状态较为合适。撒播时，可以将棉花种子装在布袋等容器中，边走边抖动布袋，使棉花种子均匀地撒落在土壤表面。为了保证棉花种子撒播得更均匀，可以将棉花种子分成若干小份，分区域进行撒播。

（2）优点

操作简单、快捷，能够在短时间内完成大面积的播种。不需要复杂的播种设备，成本较低。

（3）缺点

棉花种子分布不均匀，容易导致棉苗疏密不均。后期管理难度较大，如间苗、定苗等工作较为烦琐。而且棉花种子暴露在土壤表面上，容易受到鸟雀啄食、风吹雨淋等因素的影响，降低种子发芽率。

2. 条播

（1）操作过程

条播需要使用专门的条播机或者开沟工具。首先，在土地上按照一定的行距开沟，深度一般为 3～5 cm。例如，对中熟陆地棉，可以设置行距为 60～70 cm。开沟后，将棉花种子均匀地播在沟内，然后覆土。根据种子发芽率、品种特性和种植密度等因素，确定播种量。例如，对种子发芽率较高的棉花种子，可以适当减小播种量，一般每亩播种量为 3～5 kg。条播可以保证棉花种子在土壤中分布相对均匀，有利于棉苗生长整齐。

（2）优点

棉花种子分布比较均匀，便于机械化作业，如可以沿着沟进行中耕、除草、施肥等操作，提高劳动效率。棉苗生长比较整齐，有利于田间管理和通风透光。

（3）缺点

条播对播种设备和整地质量要求较高。如果开沟深度不一致或者棉花种子在沟内分布不均匀，会影响棉苗生长。而且与撒播相比，条播的播种速度相对较慢。

3. 点播

（1）操作过程

点播也称穴播，是指按照一定的株距和行距进行播种。首先，确定种植的株距和行距。例如，在土壤肥力较强的棉田中，可以设置株距为 25～30 cm，行距为 70～80 cm。用点播器（见图 2-6）或者锄头在地面上挖穴，深度约为 3～4 cm。在每个穴放入适量的棉花种子，一般为 3～5 粒棉花种子。放入棉花种子后，轻轻覆土，将棉花种子覆盖好。可以根据土壤肥力、品种特性等因素，灵活调整种植密度。

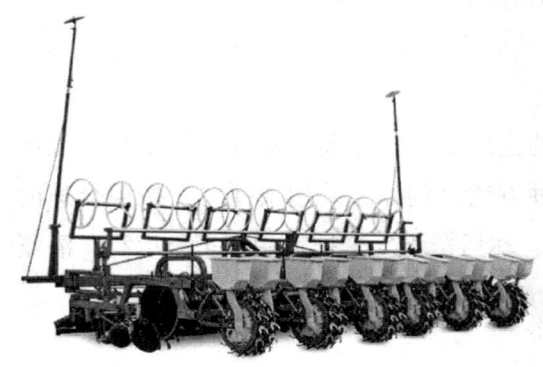 

图 2-6 点播器

（2）优点

点播能够精确控制种植密度，节省棉花种子。棉苗分布均匀，个体生长空间相对较大，有利于培育壮苗。便于集中施肥和管理，在棉苗生长过程中，可以针对每个种植穴进行精准的施肥、浇水等操作。

（3）缺点

人工播种效率较低，比较适合小面积种植或者当棉花种子价格较高时。如果种植密度过高，导致棉苗之间竞争激烈，影响生长；种植密度过低，则会浪费土地资源。

二、播种方式

1. 垄播

（1）操作过程

垄播是指在起垄的土地上进行播种。首先，进行起垄作业，垄的高度一般为 15~20 cm，垄底宽度为 40~50 cm，垄间距（即垄沟宽度）为 60~80 cm。起垄后，在垄上按照一定的行距，采用一定的播种方法（如条播或点播）进行播种。例如，在垄上采用条播，可以设置行距为 30~40 cm。垄播能够增强土壤通气性和透水性，适用于多雨地区或者土壤排水不畅的情况。

（2）优点

提高土壤通气性和温度，有利于种子萌发和棉花根系生长。在雨季，垄播能够有效排水，避免积水，减少涝害。而且垄上土壤比较疏松，便于棉花根系下扎。

（3）缺点

起垄作业需要耗费一定的人力和物力。在干旱地区，垄上土壤水分蒸发较快，需要加强灌溉管理，以保证种子萌发和棉苗生长所需的土壤水分。

2. 平播

（1）操作过程

平播是指将棉花种子直接播在平整的土地上。在播前，确保平整度高，土壤细碎、疏松。一般采用条播或撒播的播种方法。例如，采用条播时，按照合适的行距（如 60~70 cm）在平地上开沟播种，然后覆土。平播适用于平整度高、灌溉条件便利的棉田。

（2）优点

操作简单，便于机械化作业，播种速度相对较快。对平整度要求相对较低，不像垄播那样需要进行复杂的起垄作业。

（3）缺点

在排水方面相对较弱，容易在雨季出现积水现象。土壤通气性不如垄播，在土壤质地黏重或者土壤通气性弱的情况下，可能影响种子萌发和棉花根系生长。

3. 沟播

（1）操作过程

沟播是指在土地上开沟，然后在沟内播种。沟的深度一般为 5~8 cm，根据种植方式和棉花品种等因素确定沟间距。采用宽窄行种植时，宽行沟间距为 80~100 cm，窄行沟间距为 40~50 cm。在沟内播后，覆土厚度要适中，一般为 3~4 cm。沟播可以利用沟的蓄水保墒能力，在干旱地区比较适用。例如，在春季干旱少雨的地区，沟播能够使棉花种子更好地吸收土壤水分，提高种子发芽率。

（2）优点

沟播使土壤具有良好的蓄水保墒能力，能够为种子萌发和棉苗生长提供相对稳定的土壤水分。在风沙较大的地区，沟播可以减轻风沙对棉花种子和棉苗的危害，起一定的保护作用。

（3）缺点

在多雨季节，沟内容易积水，需要及时排水，否则会导致棉花种子和棉苗受涝。而且开沟作业需要一定的时间和精力，增加了播前的准备工作。

三、覆土

1. 覆土厚度的重要性

合适的覆土厚度对种子萌发和棉苗生长至关重要。如果覆土过厚，棉花种子在出土过程中需要消耗更多的能量，可能导致棉苗细弱，甚至无法出土。例如，当覆土厚度超过 6 cm 时，棉苗出土困难，即使出土，也可能因为在土壤中生长时间过长而黄化、瘦弱。相反，如果覆土过浅，棉花种子容易受到外界环境的影响，如干旱、鸟雀啄食等。例如，当覆土厚度不足 2 cm 时，在干旱天气下，棉花种子可能因土壤水分不足而无法正常发芽。

2. 影响覆土厚度的因素

（1）土壤质地

对不同的土壤质地，覆土厚度不同。砂壤土的土壤通气性强，但保水性弱，覆土厚度可以相对低一些，一般为 3~4 cm。黏土的土壤通气性较弱，覆土厚度可以适当提高到 4~5 cm，以保证棉花种子周围有良好的通气条件。

（2）播种方法和播种季节

采用不同播种方法，覆土厚度也有差异。例如，采用条播和点播，覆土厚度一般为 3~5 cm；采用撒播，由于棉花种子分布较散，覆土厚度可以稍低，约为 3~4 cm。在春季播种，气温较低，覆土厚度可以稍高一些，有利于保持土壤温度，促进种子萌发；在夏季播种，气温较高，覆土厚度可以适当低一些，便于棉花种子快速出土。

3. 覆土的操作要点

使用细土覆盖棉花种子。可以使用锄头或专门的覆土工具将土壤轻轻覆盖在棉花种子上，避免土壤结块或有大的土块压在棉花种子上。覆土后，要轻轻镇压，使土壤与棉花种子紧密接触，有利于棉花种子吸收土壤水分。镇压的力度要适中，特别是在土壤质地较黏重的情况下，避免土壤过于紧实，影响土壤通气性。例如，使用木板或小型镇压器在覆土后的地面上轻轻镇压，使土壤表面平整，棉花种子与土壤接触良好。

培训课程 3 移栽

学习单元 1　棉苗的移栽技术

了解棉苗的移栽技术。

一、移栽时间确定

1. 依据气候条件

（1）温度条件

棉花是喜温作物，移栽时需要考虑温度条件。一般来说，当 10 cm 深处的土壤温度稳定在 15 ℃以上时，是比较适宜的移栽时间。较低的温度会抑制棉花根系生长和新根形成，影响移栽棉苗的成活率和缓苗速度。例如，在春季气温回升后，需要持续观察土壤温度变化，等土壤温度达到要求后，再进行移栽。

（2）气候条件

充足的阳光有利于移栽棉苗进行光合作用，积累养分，促进生长。在移栽后一段时间内，最好有较为稳定的气候条件，避免连续阴雨天气。过多的降水可能导致土壤积水，使棉苗根系缺氧，造成病害。同时，在移栽初期，适当的降雨可以帮助土壤与棉苗根系更好地接触，有利于新根生长。如果移栽后，遇到暴雨天气,要及时采取排水措施。

2. 依据种植制度

(1) 轮作制度

在轮作制度下,确定移栽时间,考虑前茬作物的收获时间。例如,在棉花—小麦轮作中,要在小麦收获后及时整地,为棉苗移栽创造条件。一般在小麦收获后几天到一周内,开始移栽棉苗,可以充分利用土地资源,保证棉苗有足够的生长时间。

(2) 间作套种

如果采用间作套种,如棉花与西瓜、花生等间作套种,根据间作作物的生育期和种植要求,确定移栽时间。以棉花与西瓜间作套种为例,先移栽西瓜,待西瓜生长到一定的阶段后,再移栽棉苗,使两种作物在生长过程中相互协调,充分利用空间和阳光,避免竞争。当西瓜藤蔓开始伸展时,在西瓜行间移栽棉花,此时棉苗可以在西瓜藤蔓的遮阴下,度过移栽后的缓苗期,有利于提高棉苗的成活率。

二、移栽棉苗要求

1. 苗高和茎粗

适宜移栽棉苗的苗高一般为 10~15 cm。苗高适中的棉苗根系相对发达,地上部分和地下部分比例协调,移栽后更容易成活。茎粗以 0.3~0.5 cm 为宜,表明棉苗生长健壮,能够承受移栽过程中的损伤和环境变化。过细的棉苗在移栽后可能因养分供应不足而生长缓慢,过粗的棉苗可能根系发育不完善,影响移栽棉苗的成活率。

2. 叶片数和根系状况

移栽棉苗一般以 3~4 片真叶较为合适。此时棉苗的光合作用能力逐渐增强,能够为自身生长提供一定的养分。要求棉苗的根系完整、发达,有较多的侧根。根系长度最好为 10~15 cm,并且颜色洁白,没有明显的病虫害。根系发达的棉苗在移栽后,能够更快地适应新环境,扎根入土,吸收土壤水分和土壤养分。

三、开沟和挖穴

1. 要求

(1) 沟的深度和宽度

开沟移栽时,沟的深度一般为 10~15 cm,宽度为 20~30 cm,可以为棉苗根系提供足够的生长空间，同时便于施肥和浇水。可以在沟底施入基肥，然后将棉苗移栽在沟内，有利于棉苗根系吸收肥料。

（2）穴的直径和深度

挖穴移栽时，穴的直径一般为 15～20 cm，深度为 10～12 cm。根据棉苗根系，确定穴的大小，保证棉苗根系能够舒展地放入穴中。对于根系发达的棉苗，穴的尺寸要适当大一些，防止棉苗根系蜷缩，影响生长。

2. 方法

（1）开沟方法

可以使用锄头或专门的开沟机械开沟。如果使用锄头，要掌握锄头的角度和力度，使沟壁整齐、沟底平整。如果使用开沟机械，根据棉田的土壤质地和移栽要求，调整开沟机械的深度和宽度参数。对于黏土的棉田，开沟时要避免沟壁坍塌，可以适当放缓沟壁的坡度。

（2）挖穴方法

一般使用小锄头或铲子挖穴。首先，将表层土铲开，然后，逐渐深挖，将挖出的土放在穴的一侧。挖穴时，要保证穴的形状规则，底部平实。在挖穴过程中，可以将土块打碎，使穴内的土壤疏松，有利于棉苗根系与土壤接触。

四、移栽深度

1. 适宜的移栽深度及影响因素

适宜的移栽深度是将棉苗的土坨或根系埋入土壤，使棉苗的茎基部与地面持平或略低于地面 1～2 cm。这样的移栽深度可以保证棉苗根系与土壤充分接触，有利于吸收土壤水分和土壤养分。移栽深度还会受到土壤质地的影响。对于砂壤土，移栽深度可以适当高一些，因为砂壤土的保水性弱，深栽可以使棉苗根系更好地接触湿润的土壤。对于黏土，移栽深度可以稍低，以免土壤通气性弱影响棉苗根系生长。

2. 移栽深度过高或过低的危害

如果移栽深度过高，棉苗的茎基部被埋入土壤过深，土壤湿度和土壤微生物活动可能导致棉苗的茎基部腐烂。而且移栽深度过高会使棉苗出土困难，延长缓苗期。相反，如果移栽深度过低，棉苗根系容易暴露在空气中，受到干旱、高温等环境因素影响，导致棉苗根系失水，降低棉苗的成活率。

五、移栽密度

1. 确定移栽密度的因素

（1）棉花品种

不同棉花品种的株型和生长习性不同，移栽密度也有所差异。例如，对于株型紧凑的棉花品种，可以适当提高移栽密度，一般移栽密度为 3 000~4 000 株/亩；对于株型松散的棉花品种，为了保证每株棉苗有足够的生长空间，可以控制移栽密度为 2 000~3 000 株/亩。

（2）土壤肥力

土壤肥力强的棉田能够为棉苗生长提供充足的土壤养分，可以适当提高移栽密度。对于肥沃的土壤，移栽密度可以达到 3 500~4 500 株/亩。相反，对于土壤肥力较弱的棉田，要适当降低移栽密度，以避免棉苗因竞争土壤养分而生长不良，一般移栽密度为 2 000~3 000 株/亩。

2. 移栽密度对产量和品质的影响

合理的移栽密度可以提高棉花的产量和纤维品质。移栽密度过高，棉苗之间相互遮阴，通风透光不良，导致蕾铃脱落率提高，纤维品质下降。例如，当移栽密度超过合理范围的 20% 时，蕾铃脱落率可能提高 10%~15%。而移栽密度过低，土地利用率不高，虽然单株棉铃数可能较多，但单位面积棉花的总产量会减小。

学习单元 2　移栽炼苗

了解移栽炼苗。

一、移栽炼苗的前期准备

1. 苗床环境调整

移栽炼苗前,白天保持苗床温度为 25~28 ℃,夜间为 18~20 ℃。移栽炼苗开始后,白天可以将苗床温度逐步降至 20~22 ℃,夜间降至 12~15 ℃。逐渐提高光照强度。减少浇水次数和减小浇水量,逐渐降低苗床湿度。

2. 工具和材料准备

准备移栽用的小铲子、移植铲等工具。准备适量的基肥,如腐熟农家肥、复合肥料等,用于移栽后施肥。可能需要准备一些防护材料,如遮阳网、塑料薄膜等。

二、移栽炼苗的操作步骤

1. 移栽炼苗初期(3~5 天)

(1)通风炼苗

在苗床两端或一侧打开小通风口,初期可以控制通风口宽度为 10~15 cm。选择在白天温度较高、阳光充足的时候通风,每次通风 1~2 h,可以使新鲜空气进入苗床,降低湿度,使棉苗逐渐适应外界环境。

(2)光照适应

通过逐渐揭开苗床覆盖物的方式提高光照强度。第一天揭开苗床覆盖物的 1/4 左右,让棉苗接受部分阳光照射,观察棉苗的反应。如果棉苗没有出现萎蔫等异常情况,第二天可适当增加揭开苗床覆盖物的面积,如 1/3,以此类推。

2. 移栽炼苗中期(3~5 天)

(1)加大通风量和提高光照强度

逐渐扩大苗床通风口和延长通风时间。每隔 1~2 天,扩大通风口宽度 5~10 cm,延长通风时间 1~2 h。同时,进一步提高光照强度,使棉苗适应更接近自然环境的光照条件。此时,棉苗的叶片颜色可能逐渐变深,是棉苗适应环境的正常表现。

（2）控水炼苗

减少浇水次数和减小浇水量。从移栽炼苗初期的每2~3天浇水1次，改为每3~4天浇水1次，且每次浇水量减小至原来的2/3左右。通过控水，促使棉苗根系下扎，增强棉苗根系的吸收能力，为移栽后棉苗生长做好准备。

3. 移栽炼苗后期（2~3天）

（1）完全适应外界环境（部分情况）

在移栽炼苗后期，如果气候条件允许，可以将苗床的一侧或两侧的覆盖物完全揭开，让棉苗在自然环境中生长1~2天。注意在夜间或温度较低时，适当覆盖保温材料，防止棉苗受冻。此时，棉苗已经基本适应了外界的温度、阳光和湿度等气候条件。

（2）起苗移栽

在炼苗结束后，选择合适的天气进行移栽。起苗时，尽量保持棉苗根系完整，用小铲子从苗床底部将棉苗带土挖出。可以用稀薄的生根粉溶液作为定根水，以促进棉苗生根。

三、注意事项

1. 关注天气变化

如果遇到寒潮、大风、暴雨等恶劣天气，及时调整移栽炼苗计划或采取保护措施。

2. 观察棉苗生长情况

在移栽炼苗期间，要经常观察棉苗的生长情况。注意棉苗的叶片颜色、茎秆粗细、根系发育等情况。如果发现棉苗叶片发黄、生长缓慢、根系腐烂等异常情况，要及时分析原因并采取措施。例如，叶片发黄可能是阳光过强或施肥不足导致的，可以适当调整光照强度或补充肥料；根系腐烂可能是浇水过多或排水不畅导致的，要控制浇水量，改善排水条件。

3. 控制移栽炼苗的强度和时间

根据棉花品种、生长情况和气候条件等因素，合理调整移栽炼苗的强度和时间。如果移栽炼苗的强度过高或时间过长，棉苗可能受到伤害，影响移栽棉苗的成活率和棉苗生长；如果移栽炼苗的强度和时间不足，棉苗可能无法适应外界环境，出现缓苗期长、生长不良等问题。一般移栽炼苗的时间为7~10天，比较合适。

职业模块 三

田间管理

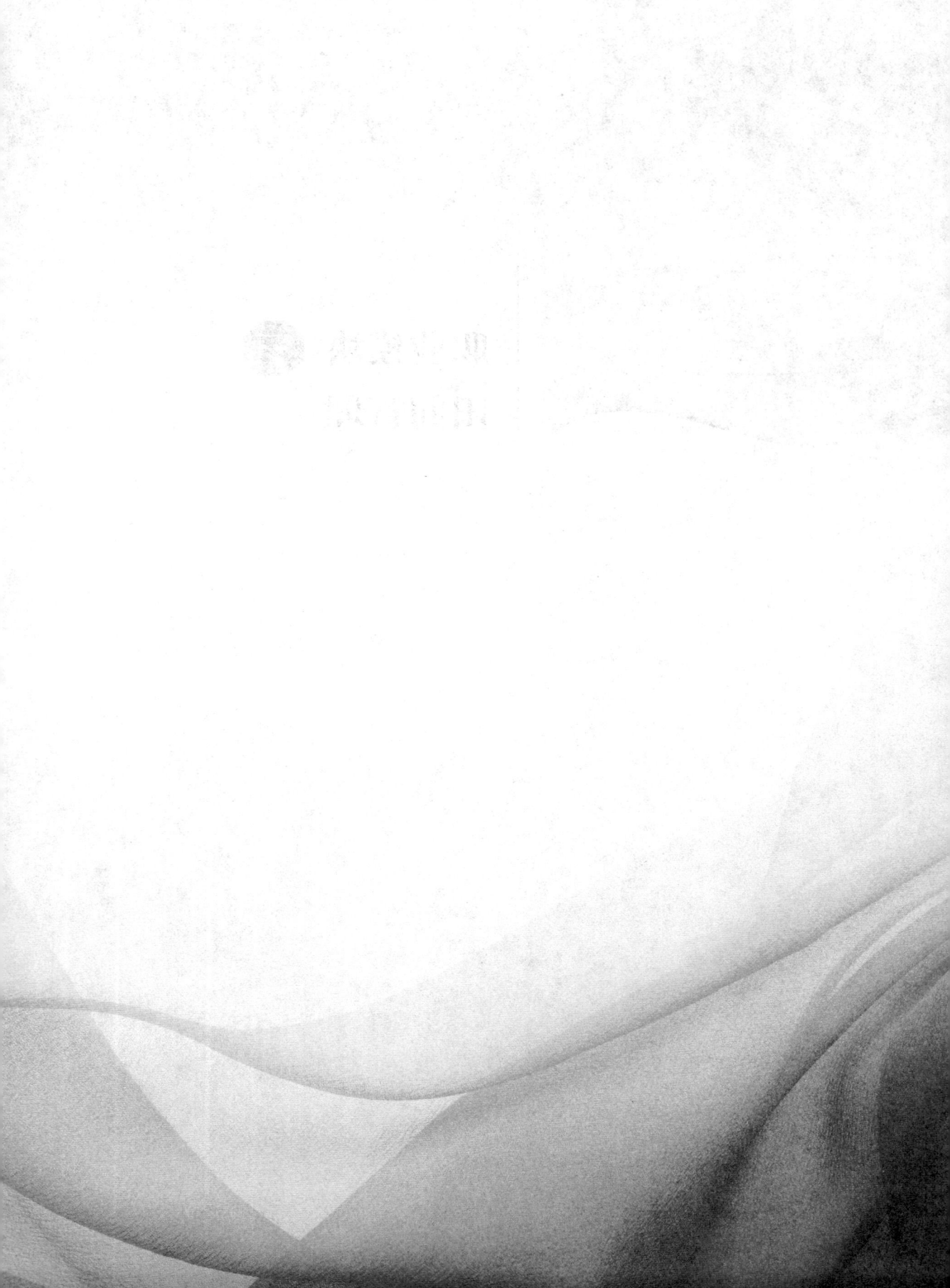

培训课程 1

耕作管理

学习单元 中耕、除草、起垄培土及作业质量检查

了解中耕、除草、起垄培土及作业质量检查要求。

一、中耕

1. 中耕时间

中耕是一项农业管理措施,是指对土壤进行浅层翻耕以疏松表层土壤。中耕时间和中耕次数因作物种类、苗情、杂草和土壤条件而异。一般在旱地作物苗期和封行前,中耕 3~4 次。在蕾期,深中耕 2~3 次。

2. 中耕深度

中耕深度因作物种类、土壤条件、气候条件等因素而异。

对于棉花,第一次中耕深度为 8~10 cm,第二次中耕深度为 10~12 cm,第三次中耕深度为 16~18 cm,中耕 2~3 次即可。

中耕能促进作物健康生长,增强土壤肥力和保水性。中耕不仅有助于除草和疏松土壤,还能促进根系发展,增加作物产量和提高品质。

3. 中耕要求

中耕旨在通过翻松土壤来改善土壤环境，促进作物生长。在中耕时，需要满足一定的要求，以确保中耕的质量和效果。具体来说，中耕要求包括以下几点。

（1）中耕时间要求

应根据不同作物的生长需求和气候条件、土壤条件，确定中耕时间。一般而言，应选择在作物生长的关键阶段进行中耕，如苗期、生长期等。特别是在作物生长初期，由于根系尚未完全形成，此时中耕不仅可以帮助作物建立强壮的根系，还有助于改善土壤环境，为作物生长提供有利条件。

（2）中耕次数要求

应根据作物种类、生育期和土壤条件，确定中耕次数。在通常情况下，中耕次数为3~4次。在作物生长初期，由于根系较弱，可以适当增加中耕次数，以促进根系发育。随着作物生长，根系逐渐强壮，可以相应减少中耕次数。

（3）中耕深度要求

中耕深度是在中耕过程中一个非常重要的参数。中耕深度过低，可能无法充分疏松土壤，达不到预期的效果；中耕深度过高，则可能伤害根系，影响作物生长。因此，应根据作物种类、生育期和土壤条件，确定中耕深度。一般来说，中耕深度应为5~20 cm。在苗期，根系较弱，中耕深度应低一些；在生长期和结果期，根系较为发达，可以适当提高中耕深度。

（4）中耕工具

应根据土壤条件和中耕深度，选择中耕工具。常见的中耕工具有锄头、中耕机等。对于土壤质地较为松软的土壤，可以使用锄头进行中耕；对于土壤质地较为坚硬或中耕深度较高的土壤，则应使用中耕机等机械化工具进行中耕。使用机械化工具进行中耕时，应注意调整中耕深度和速度，避免对作物造成伤害。

（5）中耕效果

中耕效果主要体现在以下方面。

1）疏松土壤，增强土壤通气性和透水性，有利于根系呼吸和生长。

2）促进土壤微生物活动，加速土壤有机质分解，增强土壤肥力。

3）防止杂草滋生，减少杂草与作物的竞争。

4）改善土壤结构，增强土壤的保水性、保肥性。

二、除草

1. 除草原则

除草是在棉田管理中一项十分重要的工作,能有效地控制杂草生长,保证作物的生长环境。在除草时,应该遵循以下原则。

(1) 选择合适的除草时间

在棉花生长初期,杂草的种子尚未发芽,此时是除草的最佳时间。同时,应根据不同作物的生育期,合理安排除草时间,减少杂草与作物的竞争。

(2) 选择合适的除草方法

有很多种除草方法,如物理除草、化学除草和生物除草等。在选择除草方法时,应综合考虑效果、成本和环境因素。例如,对于小面积棉田,可以手工除草或使用除草工具除草;对于大面积棉田,可以施用化学除草剂进行喷施或施用生物控制剂进行防除。

(3) 保护棉田生态环境

不可施用对作物有毒害的化学除草剂,以免对作物和土壤造成危害。同时,要避免过度施用化学除草剂,以免对棉田的生态环境造成负面影响。

(4) 安全防护

施用化学除草剂时,应戴好口罩、手套等防护用具,以防化学除草剂对身体造成伤害。同时,避免化学除草剂接触皮肤和眼睛,以免发生意外。

除草是在棉田管理中不可或缺的一项工作。应选择合适的除草时间、除草方法,并注意保护棉田的生态环境和个人安全。只有这样,才能有效地控制杂草生长,保证作物的生长环境,增加棉田产量。

2. 除草方法

以下是一些有效的除草方法。

(1) 深耕翻土除草

深耕翻土除草可以改变杂草的生境,将大量杂草种子埋入土壤深处,有效防除多种杂草。深耕翻土除草适用于草害严重的棉田,可以大幅减轻一年生杂草和多年生杂草的危害。

(2) 良种精选除草

良种精选除草是指利用杂草种子与作物种子大小、质量、有芒无芒、是否光滑、漂浮力不同等,通过手工、机械、风力、筛、水等方法去除杂草种子,大幅减少杂草传播和减轻危害。

（3）轮作倒茬除草

轮作倒茬除草是指利用科学的轮作倒茬使原来生境良好的优势杂草种群处于不利的生境下，从而减轻或杜绝危害。

（4）人工除草

人工除草虽然费时费工，但能够把棉田中角角落落的杂草全部清除干净，而且对棉花没有任何不良影响。

（5）化学除草

化学除草利用除草剂在作物和杂草体内代谢作用不同，达到灭草保苗的目的。例如，二甲戊灵等适用于多种作物田除草。施用除草剂是常用的除草方法之一。其优点是工作量比较小、防除效果比较强。注意除草剂施用不当或过量，可能造成危害。

（6）物理除草

例如，使用黑色防草布，通过阻止杂草进行光合作用达到除草的目的。

（7）使用自然配方除草

例如，使用食盐、白酒、洗洁精和水的混合物喷洒在杂草上，这种除草方法环保且成本低。

（8）用抗除草剂转基因棉除草

抗草甘膦转基因棉通过改变叶绿素合成途径中的关键酶，使其对草甘膦不敏感。在施用草甘膦时，抗草甘膦基因会阻碍草甘膦进入作物细胞，进而导致作物对草甘膦不敏感。

以上除草方法各有优缺点，应根据实际情况和作物需求，选择合适的除草方法。注意施用化学除草剂时，应当遵循安全施用的原则，避免对环境和作物造成不必要的伤害。

三、起垄培土

1. 起垄

在棉田耕作中，起垄是一种常见的种植方式，将棉田分成一条条狭长的垄，沿着垄进行作物种植和管理。起垄目的是提高土地利用率、改善排水状况、防治病虫害，以及方便农事活动进行。

（1）起垄方法

起垄方法通常是在棉田中使用犁或耕作机进行犁耕，将土壤翻转、松散，然后用犁或耕作机在犁沟中起垄。可以根据不同作物的需求，调整垄的宽度和高度，一般来说，垄的宽度约为 40~60 cm，高度约为 15~25 cm。

（2）起垄目的

1）提高土地利用率。起垄能够充分利用棉田的面积，提高作物的种植密度。起垄的同时留下一条条的沟，既可以用于排水，也可以用于灌溉，进一步提高土地利用率。

2）改善排水状况。在起垄的过程中，破碎的土壤颗粒会形成一些小空隙，可以更好地排出多余的土壤水分，防止土壤过于湿润，从而减少土壤水分对作物的伤害。

3）防治病虫害。起垄将土壤翻转、松散，有利于将害虫的尸体暴露在外，加速其死亡，从而减轻病虫害对作物的危害。

4）方便农事活动进行。通过起垄，可以更加方便地进行播种、施肥、水肥一体化等农事活动，不仅提高了工作效率，也减少了资源浪费。同时，便于管理，便于对作物进行田间观察和采取相应的措施。

2. 培土

培土是指在作物生育期中，将株间或畦间的土壤覆盖在根系四周，旨在防止作物倒伏，促进根系发育，并便利排水灌溉。这种做法非常常见。例如，棉苗长大后，部分根系可能裸露在土壤表面上，需要用土壤覆盖裸露的根系。

四、作业质量检查

1. 中耕深度

（1）检查目的

中耕深度直接影响棉花生长和土壤物理性质。合适的中耕深度能有效疏松土壤，促进棉花根系生长，同时避免损伤棉花根系。

（2）检查方法

1）工具测量。使用专门的中耕深度测量工具，如深度尺。在棉田不同区域，随机选取多个测量点，一般每公顷不少于 30 个测量点。将深度尺垂直插入土壤，直到触及未耕作层，读取中耕深度数值。

2）对比参照。可以预先在棉田边设置有刻度的标杆作为中耕深度参照。在中耕过程中，观察中耕工具入土深度与标杆刻度的对比情况，初步判断中耕深度是否符合要求。

（3）质量要求

根据棉花生育期和土壤质地，确定合适的中耕深度。在苗期，中耕深度一般为 5~10 cm，以提高土壤温度，促进棉苗根系生长；在蕾期，可适当提高中耕深度到 10~15 cm，有利于棉花根系下扎和土壤蓄水保墒；在花铃期，中耕深度保持在 10~12 cm，避免损伤棉花根系。对于黏土的棉田，中耕深度可稍低，对于砂壤土的棉田，可适当提高中耕深度，但都要在合适的中耕深度范围内。

2. 伤苗、压苗、埋苗情况

（1）检查目的

在中耕过程中，可能对棉苗造成损伤，影响棉苗的成活率和生长发育。检查伤苗、压苗、埋苗情况，可以评估中耕的精细程度。

（2）检查方法

1）全面检查。在中耕完成后，沿着棉田的行向和株间进行全面检查。仔细观察每一株棉苗，统计伤苗（包括根系损伤、茎部折断或擦伤等）、压苗（被中耕工具或土壤压实的棉苗）、埋苗（被土壤掩埋的棉苗）的数量。

2）标记统计。可以用不同颜色的标签对不同类型的受损棉苗进行标记，方便统计。例如，用红色标签标记伤苗，用绿色标签标记压苗，用黄色标签标记埋苗。统计结束后，计算受损棉苗数占总棉苗数的比例。

（3）质量要求

应控制伤苗率、压苗率和埋苗率在 3% 以下。如果超过这个比例，说明中耕操作不当，需要调整中耕工具或作业方式，减少对棉苗的损伤。

3. 平整度

（1）检查目的

中耕后，棉田的平整度对于灌溉、排水以及后续的田间管理（如机械作业、除草等）都非常重要。平整的棉田可以保证土壤水分均匀分布，避免局部积水或干旱。

（2）检查方法

1）视觉观察。在棉田两端和中间位置，沿着不同方向进行观察。检查棉田是否有明显的高低不平、土堆或沟壑。尤其注意相邻棉行之间的平整度，以及棉田整体的平整度。

2)工具辅助。使用水准仪或激光平地仪等专业工具进行测量。在棉田中,设置多个测量点,形成网格状,测量各测量点的高度差。例如,在大型棉田中,每 20~30 m² 设置 1 个测量点。计算各测量点之间的高度差,评估棉田的平整度。

(3)质量要求

在相邻棉行之间,高度差应不超过 3 cm,在整个棉田区域中,高度差应不超过 5 cm。这样可以保证灌溉水均匀分布,不会出现局部积水或灌溉不到位的情况。

4. 碎土情况

(1)检查目的

良好的碎土情况可以使土壤颗粒细小、均匀,增强土壤通气性和保水性,有利于棉花根系生长和土壤微生物活动。

(2)检查方法

1)手捏法。在棉田不同区域中,随机选取土壤样本。如果用手能够轻松捏碎土壤样本,且没有明显的大土块,说明碎土情况较好。同时观察土壤颗粒的大小,是否大部分为 1~5 mm。

2)筛网法。可以使用不同孔径的筛网对土壤样本进行筛选。将土壤样本放在孔径为 5 mm 的筛网上,轻轻晃动筛网,统计通过筛网的土壤样本质量占总土壤样本质量的比例。一般来说,通过筛网的土壤样本质量占总土壤样本质量的比例应在 70% 以上,表明碎土情况良好。

(3)质量要求

土壤颗粒直径小于 5 mm 的土壤样本体积应占总土壤样本体积的 70%~80%,并且没有直径大于 10 mm 的土块。这样的碎土情况能够为棉花生长提供适宜的土壤结构。

培训课程 2 肥水管理与棉花长势判断

学习单元 1　肥水管理

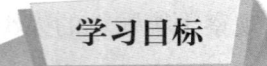

掌握肥水管理的方法。

一、土壤追肥

1. 土壤追肥时期和施用量

（1）苗期土壤追肥

在苗期，棉苗生长缓慢，对肥料的需求相对较少。在基肥不足或土壤肥力较弱的情况下，需要适当追肥。一般在棉苗长出 2~3 片真叶时，每亩追施 3~5 kg 尿素，促进棉苗根系和地上部分生长。例如，对于一些土壤贫瘠的棉田，及时追肥可以使棉苗更加健壮，叶片颜色更加翠绿。

（2）蕾期土壤追肥

蕾期是棉花营养生长和生殖生长并进的时期，对肥料的需求增加。此时追肥应以氮肥为主，配合磷肥、钾肥。一般每亩追施 10~15 kg 尿素、10~15 kg 过磷酸钙、5~10 kg 硫酸钾。例如，在蕾期，充足的氮肥供应可以促进棉花植株枝繁叶茂，磷肥有助于花芽分化，钾肥则能增强棉花植株的抗逆性。

（3）花铃期土壤追肥

花铃期是棉花需肥最多的时期，要重施花铃肥。一般分两次追肥，第一次在初花期，每亩追施 15～20 kg 尿素；第二次在盛花期，每亩追施 10～15 kg 尿素、5～10 kg 硫酸钾。花铃肥能够满足棉花在花铃期对肥料的大量需求，减少蕾铃脱落，增加棉花产量。

2. 土壤追肥方法

（1）条施

条施是指在棉花行间开沟，深度为 10～15 cm，将肥料均匀施入沟，然后覆土。采用条施可以使肥料集中，有利于棉花根系吸收。例如，在蕾期追肥时，采用条施可以使肥料靠近棉花根系，提高肥料利用率。

（2）穴施

穴施是指在棉花植株一侧或两侧挖穴，穴深为 10～12 cm，将肥料施入穴，然后覆土。在棉花生长后期，当棉花植株较大，不方便开沟时，适合采用穴施。例如，在花铃期追肥时，采用穴施可以针对单株棉花进行精准施肥，避免浪费肥料。

二、根外追肥

1. 根外追肥时期

（1）苗期根外追肥

在苗期，如果棉苗出现植物缺素症（如叶片发黄可能是缺氮导致的，叶片发紫可能是缺磷导致的），可以进行根外追肥。常用的肥料有 0.3%～0.5% 的尿素溶液、0.2%～0.3% 的磷酸二氢钾溶液。这些肥料能够快速补充棉苗所需的养分，促进棉苗生长。

（2）蕾期和花铃期根外追肥

蕾期和花铃期是棉花生长的关键时期，根外追肥可以增强棉花的抗逆性和增加棉花的产量。此时可以喷施含有硼、锌等微量元素的肥料溶液。例如，在蕾期，喷施 0.2% 的硼砂溶液，可以促进花芽分化，提高棉花的结铃率。在花铃期，每隔 7～10 天喷施 1 次 0.3%～0.5% 的磷酸二氢钾溶液，能够增加铃重，改善纤维品质。

2. 根外追肥时间与根外追肥方法

（1）根外追肥时间

最好选择在阴天或晴天的傍晚进行根外追肥。因为在强光和高温下，溶液中的水分容易蒸发，导致肥料浓度升高，可能对叶片造成灼伤。例如，在夏季晴天的中午，阳光强烈，此时喷施肥料，叶片上的肥料溶液很快干涸，容易使叶片受损。

（2）根外追肥方法

使用喷雾器将肥料溶液均匀地喷施在叶片正反面上。喷施时，注意喷头与叶片的距离，一般为 30~50 cm，使肥料溶液均匀地附着在叶片上。同时，确保叶片充分湿润，但避免肥料溶液流淌。例如，在喷施磷酸二氢钾溶液时，要仔细操作，保证每片叶片都喷到。

学习单元 2　棉花长势判断

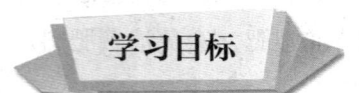

掌握判断棉花长势的方法。

一、苗期棉花长势判断

1. 植株高度

在正常情况下，在苗期（从播种到现蕾），植株高度增长相对缓慢。一般来说，在适宜的环境和管理条件下，播后 10~15 天棉苗出土，出土后，每周植株高度增长 2~3 cm。如果植株高度增长过慢，可能是土壤肥力不强、缺水或者温度过低导致的；如果植株高度增长过快，如出现徒长，可能是氮肥施用过多或者种植密度过高，导致棉苗之间竞争，光照不足，茎秆细长、柔弱。

2. 叶片特征

（1）叶片数量和叶片大小

在苗期，棉花的真叶逐渐长出。在正常生长时，子叶展开后，大约每 3~5 天会长出 1 片真叶。真叶大小适中，叶片展开良好。如果叶片生长缓慢，数量少，可能是养分供应不足导致的；如果叶片过大、过薄，可能是氮肥施用过量或者光照不足导致的。

（2）叶片颜色

健壮棉苗的叶片颜色为深绿色，有光泽。如果叶片发黄，可能缺乏氮肥或者铁、锌等微量元素；如果叶片发红，可能缺乏磷素，或者温度过低，影响磷的吸收；如果叶片出现斑点或斑纹，可能受到病虫害侵袭。列如，棉叶螨会使叶片出现黄白色斑点。

3. 根系发育

苗期是棉花根系发育的重要时期。良好的棉花根系应该是白色的或浅黄色的，棉花根系发达，主根粗壮且侧根多。可以通过挖掘棉苗周围的土壤来观察棉花根系情况。如果棉花根系短小、细弱，可能是土壤质地不佳（如土壤板结、土壤通气性弱）或者施肥不当（如基肥不足）导致的。

二、蕾期棉花长势判断

1. 蕾的数量和生长速度

棉花从现蕾到开花为蕾期。正常生长棉花的蕾期一般在现蕾后 1~2 周内，蕾的数量会逐渐增多。每株棉花的蕾数会因棉花品种和种植密度等因素有所差异，一般在蕾期结束时，每株棉花应有 8~12 个蕾。如果蕾的数量过少，可能是光照不足、缺磷或缺钾等原因导致的；如果蕾的生长速度过慢，如长时间蕾不膨大，也可能是养分供应不均衡或者温度、水分等环境因素不适宜导致的。

2. 植株形态变化

在蕾期，植株高度增长加快，茎秆逐渐变粗。在正常情况下，在蕾期，植株高度每周增长 3~5 cm，茎秆直径也会随着生长而有所增加。同时，叶片面积继续增大，叶片颜色保持深绿色。如果植株高度增长过快，可能导致徒长，营养生长过旺，影响生殖生长，即蕾发育；如果茎秆细弱可能缺乏钾肥，影响棉花植株的抗倒伏性。

3. 病虫害情况

蕾期是棉花病虫害容易发生的时期。注意观察叶片上、茎秆上和蕾上是否有病虫害迹象。例如，棉铃虫会蛀食棉花的蕾，造成蕾脱落；枯萎病会使叶片发黄、枯萎，茎秆内部变色，严重影响棉花生长和蕾发育。

三、花铃期棉花长势判断

1. 花铃的数量和质量

花铃期是棉花产量形成的关键时期。正常生长的棉花，花铃数量较多，而且花开放正常，颜色鲜艳，棉铃大小均匀。在开花后 7~10 天内，棉铃会快速膨大。如果花铃数量少，可能前期蕾期管理不当（如施肥不足、病虫害严重等）导致蕾脱落过多；如果棉铃生长缓慢、过小，可能钾肥供应不足或者水分胁迫（如干旱或涝灾），影响棉铃发育。

2. 植株形态变化

在花铃期，植株高度增长逐渐变缓，营养主要供应给花铃。此时，叶片颜色仍然保持绿色，但随着花铃生长，叶片可能稍变黄，这是正常现象。如果叶片过早枯黄、脱落，可能缺氮或者早衰；如果叶片浓绿、肥厚，可能氮肥过多，导致棉花贪青晚熟。同时，注意观察棉花植株的抗倒伏性。在花铃期，棉花植株负载较重，如果茎秆不健壮，容易倒伏，影响棉花产量。

3. 蕾铃脱落情况

蕾铃脱落是花铃期常见的现象，正常蕾铃脱落率一般为 10%~20%。如果蕾铃脱落率过高，要分析原因。可能是光照不足、温度过高或过低、水分失调、养分缺乏（如硼肥缺乏）或者病虫害等因素导致的。例如，在高温干旱天气下，棉花植株水分供应不足，会导致棉铃大量脱落。

四、吐絮期棉花长势判断

1. 吐絮的进度和质量

在正常情况下，在吐絮期，棉铃会按照一定的顺序逐渐开裂吐絮。一般从棉花植株下部的棉铃开始吐絮，然后逐渐向上。棉絮洁白、蓬松，纤维长度和纤维强度符合品种特性。如果吐絮过早，可能棉花早衰；如果吐絮过晚，可能棉花贪青晚熟。如果吐絮不顺畅，棉絮质量差（如棉纤维短、纤维强度低、色泽差），可能是棉花生长后期环境条件不良或者棉花品种退化等原因导致的。

2. 植株形态变化

在吐絮期，棉花植株生长基本停止，叶片逐渐枯黄、脱落。此时，棉花植株仍然需要一定的水分和养分，维持棉铃正常吐絮。如果叶片脱落过快，可能影响棉铃后期发育；如果棉花植株出现返青现象，即重新长出新叶，可能氮肥施用过量，导致棉花不能正常成熟，影响棉花品质。

3. 病虫害情况

观察在棉花植株上是否有病虫害残留。例如，棉红铃虫会危害棉铃，即使在吐絮期，也可能影响棉花品质。如果病虫害残留严重，会减少棉花的产量和降低品质。

培训课程 3 植株管理

学习单元1　间苗、定苗、补苗、整枝

了解间苗、定苗、补苗、整枝的要求。

一、间苗

1. 间苗时间

（1）早期间苗的重要性

一般在子叶期就可以开始间苗。在子叶期，棉苗生长迅速，若不及时间苗，棉苗会因争夺阳光、水分和养分而生长不良。例如，当棉苗拥挤在一起时，下部的叶片容易因光照不足而发黄、枯萎。

（2）选择间苗时间

通常在棉苗出土后，当第一片真叶出现时，进行第一次间苗最为合适。此时，可以初步分辨健壮棉苗和弱棉苗，能够有效地去除弱棉苗，为健壮棉苗提供更大的生长空间。例如，在正常气候条件下，播后7~10天，第一片真叶展开，就可以开始间苗。

2. 间苗次数

（1）多次间苗的好处

一般进行 2~3 次间苗。多次间苗可以逐步调整棉苗的种植密度，使棉苗生长更加均匀。第一次间苗主要去除过密的棉苗，留下相对健壮的、分布均匀的棉苗；第二次间苗可以在棉苗长出 2~3 片真叶时进行，进一步调整株距，去除生长不良的或有病虫害的棉苗。例如，通过多次间苗，保证每株棉苗都有足够的空间伸展叶片，进行光合作用。

（2）根据实际情况调整间苗次数

根据棉苗的生长情况和种植密度，调整间苗次数。如果播种时，种子分布比较均匀，且土壤肥力较强，棉苗生长健壮，2 次间苗就足够了。如果播种时，种植密度过高或者土壤肥力不均匀，需要进行 3 次间苗，以确保棉苗的质量和种植密度符合要求。

3. 间苗强度和间苗对象

（1）间苗强度

间苗后，根据棉花品种、土壤肥力和种植方式等因素，确定株距。对于早熟、株型紧凑的棉花品种，间苗后，株距可以适当小一些，一般为 5~8 cm；对于中晚熟、株型松散的棉花品种，可以保持株距为 8~12 cm。例如，对于土壤肥力较强的棉田，由于棉苗生长旺盛，间苗后，可以适当加大株距，以避免棉苗之间过度竞争。

（2）间苗对象

间苗对象是指弱棉苗、病棉苗和过密的棉苗。弱棉苗通常表现为叶片发黄、细小，茎秆细弱；病棉苗可能有叶片变色、斑点、卷曲等症状。这些棉苗会影响周围健壮棉苗生长。例如，及时去除感染枯萎病或黄萎病的棉苗，防止病害传播。同时，去除那些生长过于密集的棉苗，保证每株棉苗都有足够的生长空间。

二、定苗、补苗

1. 定苗的时间和标准

一般在 3~4 片真叶期定苗。此时棉苗的生长特性已经比较明显，可以留下健壮的、无病虫害的、株型整齐的棉苗。根据棉花品种和种植密度，确定株距。例如，对于每亩种植 3 000~4 000 株的棉田，定苗后，株距一般为 20~30 cm。定苗时，注意保持棉苗分布均匀，有利于通风透光和田间管理。

2. 补苗的必要性和方法

在间苗和定苗过程中，可能出现缺苗的情况，需要及时补苗。可以采用移栽的方法，选择健壮的备用棉苗，或在种植密度较高的地方选择棉苗。移栽时，注意保护棉苗的根系，尽量选择在阴天或傍晚进行。移栽后，及时浇水，保证移栽棉苗的成活率。例如，在移栽后，可以用遮阳网覆盖移栽棉苗，避免阳光直射，减少水分蒸发，促进移栽棉苗缓苗和生长。

三、整枝

1. 打顶

（1）打顶时间

打顶是控制植株高度和促进果枝生长的重要措施。一般根据棉花的生长情况和种植区域的气候条件，确定打顶时间。在大部分棉区，当棉花植株长到一定的高度，果枝层数达到预期时打顶。例如，在长江流域棉区，当植株高度达到 1.1~1.3 m，果枝层数达到 18~20 层时打顶；在西北内陆棉区，当植株高度达到 70~90 cm，果枝层数达到 10~12 层时打顶。

（2）打顶方法

打顶时，用手指或剪刀去除棉花植株的顶心（主茎顶端的生长点）。打顶要干净利落，避免残留，使生长点继续生长。同时，注意保护果枝和叶片，防止在打顶过程中对其造成损伤。例如，在人工打顶时，要熟练掌握技巧，避免过度拉扯棉花植株，造成不必要的伤害。

2. 打边心

（1）打边心的目的和作用

打边心是指去除果枝的顶尖，主要目的是控制果枝长度和果节数，促进养分向蕾铃集中，减少无效蕾形成，提高棉花的结铃率和铃重。例如，在棉花生长后期，部分果枝过长，消耗过多的养分。打边心可以使养分更多地供应给已经形成的蕾铃，增加棉花产量。

（2）打边心的时间和操作要点

根据果枝的生长情况和棉花的生育期，确定打边心的时间。一般在果枝长出一定数量的果节后，打边心，通常在果枝上有 3~4 个果节时。打边心时，用手指或剪刀去除果枝顶端的一小段（约 1~2 cm）。注意逐枝打边心，避免遗漏。同时根据棉花的生长情况，合理调整打边心的强度。对于生长旺盛的果枝，可以适当多打；对于生长较弱的果枝，可以少打或不打。

3. 抹芽

（1）抹芽的对象和原因

抹芽的对象是棉花主茎和果枝基部的叶芽。这些叶芽生长后形成赘芽，消耗大量的养分，与蕾铃争夺养分，影响棉花的产量和品质。例如，在棉花生长过程中，如果不及时去除主茎和果枝基部的叶芽，会不断生长，导致棉花植株枝叶过于繁茂，通风透光不良，蕾铃脱落增加。

（2）抹芽的时间和频率

尽早进行抹芽，一般在叶芽刚出现时就开始抹芽。在棉花的全生育期，尤其是在生长旺盛期，要经常检查并抹芽。例如，在蕾期和花铃期，每隔3～5天就要进行1次抹芽，以保证棉花植株的养分集中供应到蕾铃和有效枝条上。

4. 打空枝、老叶

（1）打空枝、老叶的作用

打空枝是指去除没有蕾铃的果枝，打老叶是指去除棉花植株下部的老叶。这些操作可以改善棉花植株的通风透光条件，减少无效消耗养分，降低病虫害的发生概率。例如，在棉花生长后期，下部的老叶已经失去了光合作用的能力，而且容易滋生病虫害，通过打老叶可以促进空气流通，减少病害传播。

（2）打空枝、老叶的时间和方法

一般在棉花生长后期，打空枝、老叶。打空枝时，用剪刀从基部剪掉没有蕾铃的果枝；打老叶时，去除棉花植株下部已经发黄、失去功能的叶片。在操作过程中，注意不要过度去除叶片，避免影响棉花植株正常生长。一般每次去除叶片不超过总叶片数的1/3，并且根据棉花的生长情况和田间实际情况，合理调整。

学习单元2　保苗株数估算

掌握保苗株数估算的方法。

一、保苗株数估算的重要性

准确估算保苗株数有助于确定合理的种植密度。种植密度对于棉花的生长发育、产量和品质都有重要影响。通过估算保苗株数，结合棉花品种的产量潜力和市场价格等因素，可以预估棉花的产量和种植效益。

二、保苗株数估算前的准备工作

1. 确定样方大小和样方数量

（1）样方大小

根据棉田面积和种植方式，确定样方大小。对于大面积、种植较为整齐的棉田，样方可以适当大一些，如 10 m² 或 20 m²；对于小块棉田或者种植布局不规则的区域，样方可以小一些，如 5 m²。样方形状通常为矩形或正方形，便于测量和计数。

（2）样方数量

要保证样方数量代表整个棉田的情况。棉田面积较小（如小于 10 亩）时，可设置 3~5 个样方；棉田面积为 10~50 亩，设置 5~10 个样方；棉田面积大于 50 亩，样方数量一般不少于 10 个。样方分布要均匀，可采用对角线取样法、棋盘式取样法或五点取样法等。例如，采用对角线取样法时，在棉田的两条对角线上，等距离设置样方。

2. 测量工具准备

使用卷尺或测绳测量样方的边长，从而计算样方面积；使用计数器或记录表格记录在样方中的棉苗株数；还可以使用标杆或木桩标记样方的位置，方便后续操作。

三、保苗株数估算方法

1. 直接计数法

（1）操作步骤

在选定的样方中，逐株清点棉苗株数。要仔细计数，区分正常生长的棉苗和弱棉苗、病棉苗。注意不要遗漏刚出土不久的棉苗。例如，在 1 个 10 m² 的样方中，统计所有棉苗株数，记录为该样方的保苗株数。

（2）计算全棉田保苗株数

将各个样方的保苗株数相加，得到样方保苗株数总和。然后用样方保苗株数总和除以样方总面积（所有样方面积之和），得到单位面积（m²）的保苗株数。最后根据棉田面积（m²），计算全棉田保苗株数。计算公式为全棉田保苗株数 = 单位面积保苗株数 × 棉田面积。例如，5 个 10 m² 样方的保苗株数分别为 100 株、105 株、98 株、102 株、95 株，样方保苗株数总和为 500 株，样方总面积为 50 m²，单位面积保苗株数为 10 株。若棉田面积为 10 000 m²，则全棉田保苗株数为 100 000 株。

2. 抽样比例法（适用于大面积棉田）

随机抽取一定比例的棉田区域作为样本区，如抽取棉田面积的 1%～5% 作为样本区。在样本区中，采用直接计数法统计保苗株数。

根据样本区的保苗株数和抽样比例推算全棉田保苗株数。例如，抽取 100 亩棉田的 2%（即 2 亩）作为样本区，在样本区中统计保苗株数为 10 000 株，那么全棉田保苗株数约为 500 000 株（10 000 株 ÷2%）。

3. 种植参数法（前提是种植参数准确）

根据行距和株距来计算理论保苗株数。例如，已知行距为 60 cm（0.6 m），株距为 30 cm（0.3 m），则每平方米的理论保苗株数为 1 ÷（0.6 × 0.3）≈ 5.56 株。如果棉田面积为 1 000 m²，那么理论保苗株数约为 5 560 株。这种方法适用于种植较为规范、种子发芽率和出苗率正常的情况，实际保苗株数可能因种子质量、土壤条件、气候条件和田间管理等而与理论保苗株数有所差异。

四、影响保苗株数的因素及修正方法

1. 种子质量

种子发芽率低会导致实际保苗株数少于预期。在估算保苗株数时，如果已知种子发芽率较低（如低于 80%），可以根据种子发芽率，修正估算结果。例如，通过发芽试验得知种子发芽率为 70%，按照上述方法估算保苗株数为 10 000 株，那么实际保苗株数约为 7 000 株（10 000 株 × 70%）。

品种纯度也会影响保苗株数，品种纯度低可能出现杂株。在计数时，注意区分杂株，并根据实际情况，修正估算结果。

2. 土壤条件

土壤肥力弱或土壤质地不适宜（如过于黏重或砂壤土）可能影响种子萌发和棉苗生长，导致保苗株数减少。在这种情况下，可以结合土壤肥力测试结果和以往经验，适当减少保苗株数。例如，在土壤肥力较弱的盐碱地中，保苗株数可能只有正常土壤条件下的 60%～70%。

3. 气候条件

低温、干旱或暴雨等不良气候条件会对棉花出苗和棉苗生长造成不良影响。例如，在播后遇到低温天气，种子萌发延迟或部分种子不能萌发，从而减少保苗株数。如果遇到气候灾害，可以通过调查受灾面积和受灾程度（如棉苗死亡率），修正估算结果。

学习单元 3　植物生长调节剂施用

了解植物生长调节剂施用的方法。

一、植物生长调节剂的定义及作用

1. 定义

植物生长调节剂是人工合成的或从微生物中提取的，能够调节棉花生长发育过程的一类化学物质。它们通过影响棉花体内的激素平衡，对棉花的生长、发育、生理过程等进行调节，从而达到增加产量、改善品质、增强抗逆性等目的。例如，甲哌䥽就是一种常见的植物生长调节剂，能够调控植株高度和果枝长度。

2. 作用

（1）调节生长发育

1）控制植株高度。在棉花生长过程中，一些植物生长调节剂可以抑制棉花主茎伸长，防止徒长。例如，在蕾期和花铃期，施用甲哌鎓，能够有效控制植株高度，使棉花植株更加紧凑，减少倒伏风险。

2）调节果枝和叶枝生长。施用植物生长调节剂，调节果枝和叶枝生长，使棉花的营养生长和生殖生长更加协调。例如，植物生长调节剂可以促进果枝分化和发育，增加果枝数和果节数，同时抑制叶枝过度生长，避免养分浪费。

（2）增强抗逆性

1）增强抗旱性。部分植物生长调节剂可以诱导棉花产生一些生理变化，如增强细胞的保水性，使棉花能够在干旱条件下更好地保持水分。例如，在干旱胁迫下，施用脱落酸类似物可以促使叶片气孔关闭，减少水分散失。

2）增强抗寒性和抗热性。植物生长调节剂能够调节棉花的新陈代谢过程，增强棉花对温度变化的适应性。例如，在低温天气来临前，施用某些植物生长调节剂，可以增加棉花植株的脯氨酸含量，增强细胞的抗寒性；在高温环境下，调节棉花的蒸腾作用和光合作用，减轻高温对棉花的伤害。

（3）增加产量和改善品质

1）提高棉花结铃率和铃重。植物生长调节剂通过调节花芽分化、蕾铃发育等过程，增加棉花的结铃数量和单个铃重。例如，在蕾期，施用植物生长调节剂，促进花芽分化，减少蕾铃脱落，从而增加棉花产量。

2）改善纤维品质。植物生长调节剂对纤维长度、纤维强度、马克隆值等品质指标有一定的调节作用。例如，适当施用植物生长调节剂，可以使棉纤维更加细长、纤维强度更高，提高棉花品质。

二、植物生长调节剂配制

1. 生长素类植物生长调节剂配制

以吲哚丁酸（indole butyric acid，IBA）为例。

（1）配制原理

吲哚丁酸是一种常用的生长素类植物生长调节剂，难溶于水，易溶于乙醇等有机溶剂。在配制吲哚丁酸溶液时，需要先将吲哚丁酸溶解在少量有机溶剂中，再用蒸馏水稀释到所需浓度。

（2）操作步骤

例如，配制浓度为 100 mg/L 的吲哚丁酸溶液。称取 10 mg 吲哚丁酸，将其溶解在少量（如 1～2 mL）95% 乙醇中，待完全溶解后，用蒸馏水定容至 100 mL，即可得到浓度为 100 mg/L 的吲哚丁酸溶液。在配制过程中，注意充分搅拌，确保吲哚丁酸溶液均匀。同时，由于乙醇易挥发且是易燃品，要尽量快速操作，并且远离火源。

（3）注意事项

1）浓度准确性。生长素类植物生长调节剂的作用效果与浓度密切相关，浓度过高可能造成药害，浓度过低则达不到预期的调节效果。因此，在配制过程中，要精确称量和取用，保证浓度的准确性。

2）保存条件。配制好的生长素类植物生长调节剂溶液要保存在阴凉的、黑暗的地方，避免阳光和高温导致生长素类植物生长调节剂分解失效。一般来说，最好现配现用。如果需要保存，时间不宜过长，并且在施用前要检查生长素类植物生长调节剂溶液的性质是否发生变化。

2. 生长延缓剂类植物生长调节剂配制

以甲哌鎓为例。

（1）配制原理

甲哌鎓易溶于水，配制相对简单。通常根据棉花生育期和调节目的，确定所需的浓度，然后直接用蒸馏水或清水进行配制。

（2）操作步骤

例如，在蕾期，配制浓度为 200 mg/L 的甲哌鎓溶液。称取 2 g 甲哌鎓，溶解在 10 L 清水中，搅拌均匀即可。在实际操作中，可以根据棉田面积和施药量，按比例配制所需的甲哌鎓溶液。

（3）注意事项

1）溶解完全。确保甲哌鎓完全溶解，避免未溶解的颗粒在喷施过程中堵塞喷头，影响喷施效果。可以适当延长搅拌时间，或者使用温水加速溶解。

2）使用安全。在配制和施用过程中，注意个人防护，避免皮肤接触和吸入。因为甲哌鎓等生长延缓剂类植物生长调节剂可能对人体有一定的刺激性。如果不小心接触皮肤或眼睛，要立即用大量清水冲洗，并及时就医。

三、植物生长调节剂的喷施方法

1. 喷雾器选择和准备

（1）选择喷雾器

根据棉田面积和作业要求，选择喷雾器。对于小型棉田，可以选择背负式喷雾器；对于大型棉田，选择机动喷雾器或喷杆式喷雾器，效率更高。喷雾器的喷头能够产生均匀的雾滴，并且喷头的孔径适合植物生长调节剂的剂型。例如，对于水剂和乳剂植物生长调节剂，可以选择孔径较小的喷头，以产生细小的雾滴，提高植物生长调节剂溶液的覆盖面积；对于可湿性粉剂植物生长调节剂，可以选择孔径稍大的喷头，以防止堵塞。

（2）检查和校准喷雾器

在使用前，要检查喷雾器的各个部件是否正常，如喷头是否堵塞，阀门是否漏水，压力是否正常等。校准喷雾器，确定喷雾量和喷雾范围。可以通过在一定面积的测试区域中喷施，测量喷雾量来校准喷雾器。例如，在 $1\ m^2$ 的测试区域中喷施，测量喷雾量。根据棉田面积和所需的植物生长调节剂溶液浓度，计算每平方米的喷雾量，从而调整喷雾器的喷雾量。

2. 喷施时间和气候条件

（1）喷施时间

一般在晴天的上午 10 点前或下午 4 点后进行喷施。在这个时间段，温度相对较低，光照强度适中，有利于棉花吸收植物生长调节剂，同时可以减少高温和强光导致的植物生长调节剂溶液挥发和药害。例如，在夏季高温时段，中午阳光强烈，此时喷施植物生长调节剂溶液，可能灼伤叶片，并且植物生长调节剂溶液挥发快，减弱了药效。

（2）气候条件

避免在雨天、大风天或即将下雨的天气喷施植物生长调节剂溶液。雨水会冲刷掉喷施在棉花植株上的植物生长调节剂溶液，影响调节效果；大风会使植物生长调节剂溶液飘散，不仅不能均匀地喷施在棉花上，还可能对周围的其他植物造成影响。

3. 喷施操作规范

（1）均匀喷施

在喷施过程中，要保持匀速行走，确保喷施均匀。喷头与棉花植株的距离要适当，一般喷头距离棉花植株顶部 30~50 cm。喷施时，要使植物生长调节剂溶液覆盖棉花植株的各个部位，包括叶片正反面、茎秆等。对于需要重点调节的部位，如生长点、果枝等，保证有足够的植物生长调节剂溶液附着。例如，在施用生长延缓剂类植物生长调节剂控制植株高度时，重点将生长延缓剂类植物生长调节剂溶液喷施在棉花主茎的顶端生长点和上部的果枝上。

（2）避免重喷和漏喷

在棉田中喷施植物生长调节剂时，注意行走路线，避免重喷，否则会导致局部植物生长调节剂浓度过高，对棉花造成不良影响。同时，要防止漏喷，保证整个棉田中的棉花植株都能得到有效的调节。可以采用标记或分区的方式，确保均匀喷施每个区域。例如，将大型棉田划分成若干个小区域，对于逐个区域进行喷施，喷施一个区域后做好标记，避免重喷。

学习单元 4　化学打顶

了解化学打顶技术。

一、化学打顶的原理

施用植物生长调节剂抑制棉花主茎顶端生长点细胞分裂和伸长，从而达到控制植株高度和终止主茎生长的目的。

二、化学打顶的优点和缺点

化学打顶不需要大量的人力进行逐株打顶。

1. 优点

（1）节省人力成本

人工打顶需要大量的人力，且工作效率低。化学打顶操作简便，可节省大量的人力成本和时间成本。

（2）提高打顶效率

化学打顶能在短时间内对大面积棉田进行打顶，快速控制棉花顶端生长，提高打顶效率和保证打顶高度的一致性。

（3）促进棉花早熟

合理施用化学打顶剂，使棉花生长进程更加协调，促进棉花早熟，有利于提高棉花品质和霜前花率。

（4）改善棉田通风透光条件

化学打顶可以控制植株高度和果枝长度，改善棉田通风透光条件，减少病虫害。

2. 缺点

（1）选择和施用要求高

不同的化学打顶剂成分和性能有所差异。如果化学打顶剂选择不当，或浓度、施用时间不合理，可能影响打顶效果，甚至对棉花生长造成不良影响。

（2）受环境因素影响较大

喷施化学打顶剂时的气候条件，如温度、湿度、风力等，对化学打顶剂的吸收和喷施效果造成较大影响。高温、干旱或大风天气可能导致化学打顶剂挥发和飘移，减弱药效。

（3）残留问题

一些化学打顶剂会残留在棉花植株上和土壤中。如果残留量过大，可能对下茬作物造成影响。

三、化学打顶剂的种类

1. 氟节胺

氟节胺是一种植物生长抑制剂，能抑制棉花顶端细胞分裂和伸长，从而达到打顶的目的。施用氟节胺，进行化学打顶，注意控水、控肥，受温度及施药方式影响较大，施用技术复杂。

2. 甲哌鎓

甲哌鎓也称缩节胺，是一种常用的植物生长调节剂。它可以通过抑制棉花体内赤霉素合成，控制棉花的生长速度和植株高度。单独施用甲哌鎓进行化学打顶时，需要较大的剂量，可能导致顶部烧尖、落蕾、空果枝多等问题。

四、化学打顶剂的选择方法和施用方法

1. 选择方法

（1）选择对棉花植株和环境友好的化学打顶剂

选择对棉花植株伤害小、残留期短且对环境友好的化学打顶剂。例如，一些

新型化学打顶剂经过严格的毒性测试，在有效控制植株高度的同时，不会对棉花生长发育造成长期的影响，也不会在棉纤维上和土壤中留下大量有害残留。

（2）不同的棉花品种对化学打顶剂的反应不同

不同的棉花品种对化学打顶剂的反应有所不同，需要根据棉花品种选择。同时，还要考虑棉田的土壤肥力、灌溉条件等因素。例如，对于土壤肥力较强、棉花生长旺盛的棉田，选择药效较强的化学打顶剂；而对于土壤肥力一般的棉田，选择浓度适当和药效相对温和的化学打顶剂，避免过度抑制棉花生长。

2. 施用方法

（1）施用时间

化学打顶剂的最佳施用时间一般是在棉花盛蕾期至初花期。在这个时期，棉花的生长点活性较强，对化学打顶剂比较敏感，打顶效果较强。根据棉花品种、种植密度、生长情况及气候条件等，确定施用时间。当棉花的果枝层数达到预定数量（如 8~10 层），且大部分棉花植株处于盛蕾期时，是施用化学打顶剂的适宜时间。例如，在西北内陆棉区，一般在 7 月 5 日—12 日，当单株棉花果枝层数达到 8~10 层时，施用化学打顶剂。

（2）施用量

因苗因地确定施用量，总体上随棉花长势增强而增加。对于长势偏弱的棉花品种，可适当减小施用量；对于长势偏强、对化学打顶剂敏感性不强的棉花品种，应适当加大施用量。严格按照说明书规定的浓度配制化学打顶剂。浓度过低，可能无法达到理想的打顶效果，棉花主茎会继续生长；浓度过高，则可能造成药害，影响棉花正常生长和发育。一般来说，不同品牌和类型的化学打顶剂的施用量有所不同，通常按照一定的浓度稀释后，进行叶面喷施。例如，某化学打顶剂的推荐施用浓度为 1 000~1 500 倍液，即每升水加入 0.67~1 g 化学打顶剂，每亩施用量为 30~50 L。

（3）喷施方式

喷施时，将喷雾器的喷头置于棉花植株顶部 30 cm 以上，使化学打顶剂溶液向下均匀喷施于棉田冠层上，保证化学打顶剂溶液雾化效果较强，不重喷、不漏喷。喷施时间为上午 12 点前或下午 6 点后，避免在中午最热时，在高温强光时段或雨天喷施。高温强光可能使化学打顶剂溶液蒸发过快，影响打顶效果；在雨天喷施，则会使化学打顶剂溶液被雨水冲刷掉，减弱打顶效果。

五、化学打顶后棉田管理的要点

1. 生长监测

（1）植株高度和果枝生长观察

化学打顶后，要密切观察植株高度和果枝生长情况。在正常情况下，化学打顶后，棉花主茎生长应该得到有效控制，植株高度不再快速增加。如果发现化学打顶后棉花主茎仍生长，可能是化学打顶剂的施用量不足或者打顶时间不合适，需要及时采取补救措施，如补喷化学打顶剂或者进行人工打顶。同时，注意观察果枝生长情况，确保果枝正常生长和发育，增加蕾铃数量。

（2）蕾铃发育监测

关注蕾铃的发育状况。化学打顶后，营养物质会更多地分配到蕾铃上。如果发现蕾铃脱落增加或者蕾铃发育迟缓，可能是化学打顶对棉花生长造成了一定的影响，需要调整棉田施肥和灌溉的策略。例如，适当增加磷肥和钾肥的施用量，促进蕾铃发育。

2. 肥水管理

（1）施肥管理

化学打顶后，棉花生育期发生了变化，对肥料的需求也有所改变。一般来说，要适当减小氮肥的施用量，防止棉花营养生长过旺。增加磷肥和钾肥的施用量，促进棉花生殖生长。例如，可以在化学打顶后，追施磷酸二氢钾等复合肥料，增强棉花的抗逆性和增加产量。

（2）灌溉管理

化学打顶后，根据棉花的生长需求，调整灌溉频率和灌溉量。化学打顶后，棉花的蒸腾作用可能发生变化，要保证适宜的土壤湿度，避免干旱或积水。在花铃期，适当增加灌溉次数和灌溉量，但要避免田间积水，防止棉花根系缺氧和病害发生。

（3）加强病虫害防治

化学打顶后，棉花的生长环境和生长状态发生改变，可能使棉花更容易受到病虫害侵袭。例如，化学打顶后，叶片可能因为营养物质重新分配而变得相对脆弱，容易受到棉叶螨、棉蚜等害虫侵袭。因此，要加强病虫害的监测和防治工作。定期巡查棉田，及时发现病虫害，采用生物防治、物理防治和化学防治相结合的方法防治病虫害。

培训课程 4 病虫草鼠害防治

学习单元1 农药保管和药械使用与清洗

掌握农药保管和药械使用与清洗的方法。

一、农药保管

1. 液体农药保管

（1）环境要求

液体农药应储存在阴凉、干燥、通风良好的地方。应避免阳光直射，因为阳光中的紫外线可能使液体农药分解、减弱药效。例如，一些乳油农药在阳光长时间照射下，有机溶剂挥发，导致液体农药浓度改变。一般应保持储存温度为0~30℃，过高的温度可能使液体农药膨胀，甚至导致容器破裂；过低的温度则可能导致某些液体农药成分结晶析出。同时，因为多数液体农药是易燃或易爆的，如一些有机磷农药，要远离火源和热源。

（2）容器要求

保管液体农药的容器必须密封良好。在储存过程中，定期检查液体农药是否泄漏。如果发现液体农药泄漏，应立即采取措施，如将泄漏的液体农药转移到安全的容器中,并清理泄漏的液体农药,防止污染环境。对于易挥发的液体农药,如氨水等,可以使用有密封盖的塑料桶或玻璃瓶储存,并且确保拧紧密封盖。

(3)分类存放

根据液体农药的性质,分类存放。不能将酸性液体农药和碱性液体农药存放在一起,它们可能发生化学反应,导致液体农药失效或发生危险。例如,不能将敌敌畏等酸性液体农药与石硫合剂等碱性液体农药混合存放。同时,将不同用途的液体农药,如杀虫剂、杀菌剂、除草剂等分开存放,防止误用。

2. 固体农药保管

(1)采取防潮措施

可湿性粉剂固体农药、颗粒剂固体农药等容易吸收空气中的水分而结块。因此,要控制储存环境的湿度在较低水平,一般相对湿度应低于70%。可以在仓库内放置干燥剂,如硅胶等以吸收空气中的水分。对于一些已经开封的固体农药,要及时密封,防止固体农药受潮。例如,可湿性粉剂固体农药受潮后会影响其在水中的分散性,减弱药效。

(2)防破损和防鼠咬

要保持固体农药的包装完好,避免受到挤压、碰撞而破损。特别是颗粒剂固体农药,包装破损后容易撒落,造成浪费和环境污染。同时,采取防鼠措施。老鼠可能咬坏固体农药的包装,误食固体农药不仅会破坏固体农药,还可能导致老鼠死亡,引发其他问题。可以在仓库周围设置防鼠网,在仓库中放置捕鼠器等。

(3)维护标签

固体农药的标签要清晰、完整。在标签上注明固体农药的名称、成分、有效期、施用方法等重要信息。在储存过程中,避免标签被磨损或污损,以便准确地识别固体农药。如果标签损坏,应及时重新贴上正确的标签或者记录固体农药的相关信息。

3. 微生物农药保管

(1)控制温度

微生物农药对温度比较敏感,一般应储存在较低的温度下,通常为2~8 ℃,如苏云金芽孢杆菌等微生物农药。在这个温度范围内有利于保持微生物活性。温度过高会导致微生物死亡,使微生物农药失效;温度过低可能使微生物进入休眠状态，影响药效。因此，在没有冷藏条件的情况下，应选择在凉爽的季节施用微生物农药。

（2）避免光照和接触化学物质

要避免微生物农药受到光照，光照可能杀死微生物。可以使用遮光的包装材料或者将其储存在黑暗的地方。同时，避免微生物农药接触化学物质，特别是杀菌剂和强酸、强碱等。例如，微生物农药与杀菌剂混合会直接杀死微生物，使微生物农药失去药效。

（3）管理保质期

微生物农药的保质期相对较短，要在保质期内施用。在储存过程中，定期检查微生物农药的保质期。优先施用接近保质期的微生物农药。如果超过保质期，微生物的活性可能已经丧失，即使微生物农药的外观没有明显变化，也不应再施用。

二、药械使用与清洗

1. 药械使用

（1）喷雾器使用要点

1）检查喷雾器。在使用喷雾器之前，仔细检查各个部件是否正常。检查喷头是否堵塞，阀门是否灵活，压力泵能否正常工作等。例如，如果喷头堵塞，喷出的农药不均匀，会影响农药的喷施效果。可以使用细针或者专用的喷头清洗工具清理堵塞的喷头。

2）调整喷雾参数。根据农药的剂型和施用要求，调整喷雾器的喷雾压力和喷头的角度。例如，对于液体农药，喷雾压力可以适当小一些，以产生较细的雾滴；对于可湿性粉剂固体农药，需要稍微增大喷雾压力，确保可湿性粉剂充分分散。根据植株高度和形状调整喷头的角度，使农药均匀地覆盖在棉花上。

3）安全使用药械。在使用药械时，穿戴防护服、手套和口罩等防护用品，避免农药接触皮肤和呼吸道。在喷施过程中，保持喷雾器稳定，匀速行走，确保农药均匀地喷施在棉田中。例如，在使用背负式喷雾器时，调整背带的长度，使背负式喷雾器贴合身体，方便操作。

（2）其他药械使用要点

对于颗粒剂撒施器等其他药械，进行检查和调试。在撒施颗粒剂固体农药时，根据棉田面积和所需的施药量，调整颗粒剂撒施器的出料口大小和撒施速度。例如，在大面积棉田中撒施颗粒剂固体农药时，确保撒施均匀，避免局部施药量过大或过小。同时，使用药械后，及时清理药械上残留的农药，防止农药腐蚀药械部件。

2. 药械清洗

（1）药械清洗的重要性

药械清洗是为了防止农药残留对下一次使用药械造成影响，避免不同农药之间发生化学反应，同时也是为了保护药械，延长其使用寿命。例如，如果在施用除草剂后没有清洗干净喷雾器，下次喷施杀虫剂时，喷雾器中残留的除草剂可能造成药害。

（2）药械清洗的方法

1）清水冲洗。使用药械后，首先用清水冲洗。将喷雾器的喷头、药箱、管道等部件都冲洗干净。可以将喷雾器装满清水，反复冲洗几次，直到流出的水中没有农药残留。清洗其他药械，如颗粒剂撒施器，用刷子和清水将残留的农药颗粒清洗干净。

2）洗涤剂清洗。对于一些难以用清水冲洗干净的农药残留，可以使用洗涤剂清洗。在药箱中加适量的洗涤剂和清水，浸泡一段时间后再进行冲洗。例如，对于乳油农药残留，使用洗涤剂可以更好地将其乳化，便于清洗。

3）专用清洗剂清洗。对于有些农药残留，需要使用专用清洗剂清洗。例如，对于一些含有特殊成分的农药残留，需要使用专用清洗剂才能彻底清除。在使用专用清洗剂时，按照说明书的要求进行清洗。

学习单元2　农药质量鉴别

掌握农药质量鉴别的方法。

一、农药外观鉴别

1. 剂型外观判断

（1）乳油农药外观

合格的乳油农药外观一般是均匀透明的液体。如果混浊、分层（油相和水相分离）或有沉淀，农药质量可能有问题。

（2）可湿性粉剂农药外观

正常的可湿性粉剂农药应该是疏松的粉末状，没有结块现象。如果结块，可能受潮或者储存时间过长，影响农药的分散性和药效。

（3）悬浮剂农药外观

合格的悬浮剂农药是一种可流动的悬浮液体，静置后不会明显分层和沉淀。上下摇晃后很快恢复均匀，且在储存过程中保持这种状态。

2. 包装外观检查

（1）农药标签完整性

农药标签是判断农药质量的重要依据之一。在农药标签上应该标明产品名称、有效成分、剂型、有效成分含量、施用范围、施用方法、生产日期、保质期、生产企业名称等信息。如果农药标签模糊不清、信息缺失或者格式不符合要求，很可能是假冒伪劣农药。例如，在农药标签上没有标明有效成分含量或者施用范围不明确，无法保证农药的质量和安全性。

（2）农药包装密封性

检查农药包装是否密封良好。液体农药包装瓶的瓶口或瓶盖周围不应有渗漏的痕迹；固体农药的包装应完好无损，没有破损或被打开的迹象。如果农药包装密封不良，农药可能受到外界环境污染，或者有效成分挥发、分解，从而影响农药质量。

二、农药理化性质鉴别

1. 水溶性测试（针对可溶农药或部分可溶农药）

对于部分可湿性粉剂农药、水剂农药等，可以进行水溶性测试。取少量农药样品放入适量的水，观察其溶解情况。例如，对于浓度为 90% 敌百虫晶体（水溶性农药），在常温下能够迅速溶解在水中，形成透明的溶液。如果溶解缓慢、有不溶物或者溶液混浊，可能农药质量不佳，存在杂质或者有效成分含量不足。

2. 酸碱度检测（适用于部分农药）

部分农药对酸碱度有要求，过酸或过碱可能影响药效。可以使用 pH 试纸检测农药的酸碱度。例如，一些含有酸性成分的杀菌剂，如多菌灵，其溶液的酸碱度应该在酸性范围内。将 pH 试纸浸入农药溶液，然后与标准比色卡对比，读取酸碱度。如果酸碱度超出了正常范围，可能农药质量出现问题或者农药已经变质。

三、农药药效鉴别（初步判断）

1. 对比试验法（以杀虫剂为例）

选择一定面积的试验田或者在室内培养害虫，将其分为试验组和对照组。对于试验组，按照推荐的施用量和施用方法，喷施待检测的农药；对于对照组，不施用农药或者施用合格的同类型农药。例如，对于两块种植相同作物且害虫密度相近的试验田，在一块试验田中施用待检测的杀虫剂，在另一块试验田中施用合格的杀虫剂作为对照。在施用后的一段时间内（根据农药的作用特点和害虫种类确定，一般为 24~72 h），观察害虫的死亡情况。如果试验组的害虫死亡率明显低于对照组，或者害虫没有出现明显的中毒症状（如行动迟缓、停止取食、死亡等），农药质量可能有问题，药效较弱。

2. 根据作物反应判断（以杀菌剂为例）

在施用杀菌剂后，观察作物病害的发展情况。在正常施用合格杀菌剂的情况下，控制或者减轻病害，否则可能是杀菌剂质量不佳，无法有效抑制病原菌生长和繁殖。同时，注意观察是否对作物造成药害，如叶片发黄、枯萎、畸形等。如果造成药害，也可能是农药质量或者施用方法不当导致的。

四、农药的资质和质量标准认证

1. 农药生产许可证和农药登记证

合格的农药都应该有农药生产许可证和农药登记证。可以通过农药标签上的信息或者在农业部门的官方网站上查询农药的登记情况。例如，在中国，可以登录农业农村部农药检定所的官方网站，输入农药登记证号进行查询。如果查询不到相关信息或者农药登记证号无效，那么很可能是假冒伪劣农药。

2. 质量标准认证

一些农药还会通过质量标准认证,如 ISO 9001 质量管理体系认证等。质量标准认证可以作为判断农药生产企业质量管控能力的依据。具有相关质量标准认证的农药质量在一定程度上更有保障。不过,注意质量标准认证的真实性和时效性,避免被虚假认证误导。

学习单元3 农药防治病虫草鼠害

掌握病虫草鼠害识别与防治的方法。

病虫草鼠害防治的总方针是预防为主,"防"在前,"治"在后。在病虫草鼠害防治中,强调防治结合,综合防治。从生态系统考虑,以棉花为主体,将主要病、虫、草、鼠列为防治对象,加强植物检疫与预测预报,综合采取耕作防治、生物防治、物理防治和化学防治多种措施,采用统防统治方法,以最小防治成本将病虫草鼠害降低到最低水平。

一、病害防治

1. 棉花病害

植物病害是指持续异常的环境条件超越了植物的适应程度,或者植物受到病原菌的侵染而引起生理过程紊乱,甚至生长发育受阻,最后发生局部乃至全株性病害,并导致产量减小和品质下降,甚至死亡。感病植物多在根、茎、叶片上表现出不正常的外部症状,植物病害的症状由病状和病征组成。病状分为变色、坏死、腐烂、萎蔫、畸形,病征包括霉状物、锈状物、粉状物、颗粒状物、伞状物、脓状物。

棉花病害种类繁多,根据病原菌的种类通常可分为真菌性病害、细菌性病害、病毒性病害、线虫性病害和生理性病害等。其中,真菌性病害最为常见,如枯萎病、黄萎病和炭疽病等；细菌性病害如角斑病等；病毒性病害如红叶病等；生理性病害主要是由环境因素或营养失调引起的，如缺硼症等。

2. 棉花病害发生的原因

（1）病原菌

真菌、细菌和病毒等病原菌是棉花病害发生的主要原因之一。这些病原菌可以在土壤、动植物残体、种子等介质中存活和传播。例如，枯萎病和黄萎病的病原菌可以在土壤中存活多年，一旦遇到适宜的条件就会侵染棉花植株。种子带菌也是一个重要途径，如炭疽病病原菌可以附着在种子表面上或潜伏在种子内部，播后引发棉花病害。

（2）环境因素

环境因素对棉花病害发生有重要影响。高温高湿的环境有利于真菌性病害发生和传播。例如，在多雨的季节，空气湿度高，温度适宜，炭疽病、疫病等棉花病害容易发生。干旱条件可能使棉花的生理性病害加重。例如，在干旱缺水时，棉花容易出现叶片发黄、生长迟缓等症状。土壤酸碱度也会影响棉花病害发生。例如，在偏酸性的土壤中，根腐病的发生率可能提高。

（3）棉花品种的抗病性和种植方式

不同棉花品种的抗病性不同。抗病品种能够有效地抵抗病原菌侵染，而感病品种则容易发病。种植方式也与棉花病害发生密切相关。例如，连作会积累土壤中的病原菌，增加棉花病害发生的风险；施肥不当，如偏施氮肥会导致徒长，减弱抗病性；田间通风透光不良，会为棉花病害发生创造有利条件。

3. 常见棉花病害的识别与防治

（1）根腐病

从播种到出苗后一个半月内，常常发生烂种、烂芽、烂根、死苗等棉花病害，这些棉花病害总称为根腐病。根腐病主要包括3种棉花病害：苗立枯病、棉苗红腐病和棉黑根腐病。

1）症状识别

①苗立枯病（见图3-1、图3-2）。播后，出苗前，棉种内部变软、变褐色、腐烂，形成烂种。种子萌发后，幼芽变黄褐色，不久即腐烂。棉苗出土后，在根部或近地面的茎基部出现黄褐色病斑，并日益扩大，有的病斑呈长条形。逐渐扩大成黑褐色病斑，并完全包围根茎部，进而凹陷内缩。凹陷部分失水后，干缩成蜂腰状，最后变成黑褐色，使病棉苗萎蔫或折倒死亡。剖开重病棉花植株的茎秆，

可以看到维管束变褐色，褐色部分较短（与枯萎病的区别）。

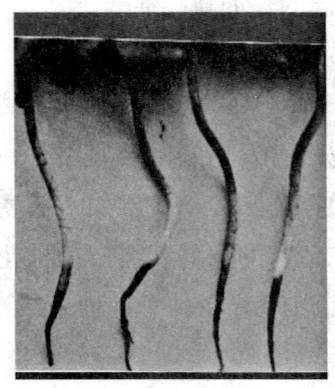
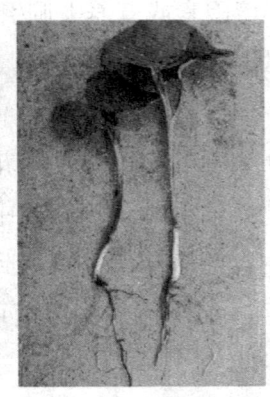

图 3-1　苗立枯病苗（左图发病重，右图发病轻）

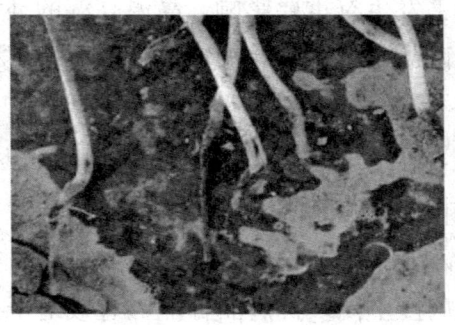

图 3-2　苗立枯病根

②棉苗红腐病。萌发的幼芽变红褐色，严重的腐烂、死亡。受害的根尖先变黄褐色，以后蔓延至整个根系，使根的表皮变褐色、腐烂。幼茎导管变红褐色；近地面幼茎基部先产生黄褐色条状病斑，后变黑褐色、腐烂；病根略肥肿，有时侧根坏死，仅剩主根。子叶和真叶的叶缘有半圆形或不规则的灰褐色病斑，逐渐扩大并破裂。在温度较高的天气，可看到种子或棉苗病部有粉红色或粉白色霉层。

③棉黑根腐病。出苗前，烂种、烂芽。棉苗感病后，茎基部和根部变深褐色或黑色，皮层干腐易脱落，常形成中空，易从土中拔起。病棉苗叶片呈黄褐色，无光泽，重者枯死，一般不脱落。病棉苗矮化，叶片皱缩不展或萎缩，不久倒伏死亡。在成株期，感病叶片颜色变淡，萎蔫下垂、青枯、不脱落，结铃少；病根表皮呈水渍状；近地面的根颈部稍肿大并扭曲。重者全株萎蔫。根颈部变粗，剖秆后，可见明显的褐色或紫褐色病变组织，重者长达 10~12 cm。茎表皮纵向开裂，裂纹间形成网眼。根较细，侧根多。茎的维管束正常。病部与健部分界明显，呈黑色环状。

2）防治方法。与蔬菜、禾本科作物、苜蓿等轮作倒茬；种植抗病品种；用药剂拌种，可选用甲基立枯磷、咪鲜胺锰盐、代森联、乙蒜素、精甲·咯·嘧菌、枯草芽孢杆菌、噻虫嗪·咯菌腈·灭菌唑拌种或包衣，晾干后播种；适时播种，及时中耕松土，提高土壤温度。木霉菌可抑制黄萎病菌和棉黑根腐病菌混合感染。

（2）枯萎病

1）症状识别

①黄色网纹型枯萎病（见图3-3）。子叶或真叶的叶脉局部或全部退绿变黄色，叶肉仍为绿色，形成黄色网纹，最后叶片萎蔫脱落。这种类型枯萎病在棉花全生育期均可发生，在苗期居多。

图3-3　黄色网纹型枯萎病

②黄化型枯萎病（见图3-4）。子叶和真叶的叶片从叶尖或叶缘开始，局部或全部变黄色，逐渐变褐色、坏死，或萎蔫、干枯、脱落。这种类型枯萎病在苗期和成株期均可发生，在成株期发生较多。

③紫红型枯萎病（见图3-5）。子叶和真叶的局部或大部分变紫红色，或呈紫红色斑块，叶脉也多呈紫红色，逐渐萎蔫、枯死。一般遇低温、高湿易发生紫红型枯萎病。

图3-4　黄化型枯萎病　　　　　图3-5　紫红型枯萎病

④青枯型枯萎病（见图3-6、图3-7）。叶片突然失水变软、变薄，叶片颜色变深绿色，猝倒死亡；有时全株青枯，有时半边萎蔫。在气候急剧变化时，如雨后迅速转晴，较多发生青枯型枯萎病，是棉花生育期最常见的病害之一。

图3-6　青枯型枯萎病　　　　　　　图3-7　棉花枯死

⑤皱缩型枯萎病（见图3-8）。在棉花植株有5~7片真叶时，首先从生长点嫩叶开始，叶片皱缩、畸形，叶肉呈泡状凸起。与棉蚜危害相似，在叶片背面上没有棉蚜。同时，棉花植株节间缩短，比健康棉花植株矮小，叶片颜色变绿色，一般不枯死。皱缩型枯萎病往往与黄色网纹型枯萎病混合发生，也是棉花生育期最常见的病害之一。一株多症，症状可变。在病茎剖面（见图3-9）上可见维管束变色坏死。

 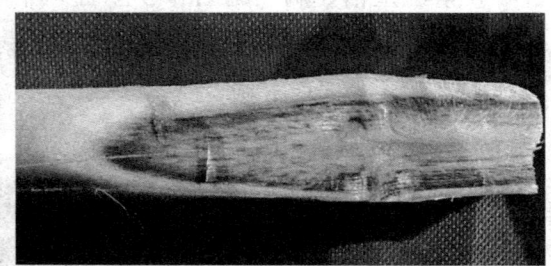

图3-8　皱缩型枯萎病　　　　　　图3-9　皱缩型枯萎病病茎剖面

2）防治方法。选用抗病品种是关键。实行轮作倒茬，与禾本科作物轮作3~5年。播前，用多菌灵等杀菌剂拌种，对土壤进行消毒处理。在发病初期，可采用甲基托布津等药剂灌根，以控制病害蔓延。

（3）黄萎病

1）病状识别。黄萎病（见图3-10、图3-11）主要分为黄斑型、枯死型和落叶型3类。黄萎病与枯萎病症状比较见表3-1。

图3-10　黄萎病发病症状

图3-11　黄萎病茎秆（左为健康茎秆，右为黄萎病茎秆）

表3-1　枯萎病和黄萎病症状比较

病名 症状	枯萎病	黄萎病
叶片	常变小增厚，有时发生皱缩，呈深绿色，叶缘向下卷曲	大小、形状正常，主脉间叶肉干枯，叶缘稍向上卷曲
枝条	有半边枯萎，半边无症状的现象	棉花植株下部有时发出新的枝叶
发病期	在苗期可发病，在蕾期达到发病高峰	在蕾期发病，在花铃期达到发病高峰
叶脉	叶脉变黄，呈现明显的黄色网纹	叶脉保持绿色，脉间叶肉及叶缘变黄色，多呈斑块状
株型	棉花植株茎枝节间缩短、弯曲，顶端有时枯死，导致株型明显矮化、丛生	一般棉花植株不缩短，顶端不枯死，在后期，可整株凋枯，严重时，整株落叶成光秆，枯死
发病顺序	由下向上，也可能由上向下	都是由下向上
维管束颜色	较深褐色，近黑色	较浅褐色

①黄斑型黄萎病（见图3-12）。病株通常在蕾期开始发病，以后逐步加重，在花铃期达到发病高峰。发病时，叶片最先表现症状，病株由下而上扩展。在发病初期，中下部叶片边缘或主脉之间呈现淡黄色不规则斑块，随后从病斑边缘至中心的颜色逐渐加深，而靠近主脉处仍然保持绿色，呈现褐色掌状斑驳或俗称西瓜皮状斑驳。随后，病斑逐渐扩大，并变成褐色、焦枯，发病叶片向上不断发展，

病叶一般不脱落。到后期，严重发病株叶片由下向上逐渐脱落，仅顶端残留少量小叶，有时在茎基部或腋芽处长出细小新枝，棉铃变小，蕾铃脱落率高，导致产量减少。

图 3-12 黄斑型黄萎病

②枯死型黄萎病（见图 3-13、图 3-14）。在发病高峰期，即花铃期，有时在灌水时或者低温及中雨天，病株叶脉间产生水渍状褪绿斑块，形成局部枯斑或掌状斑驳。严重时，变成黄褐色或青枯，出现急性失水萎蔫症状，棉花植株枯死。在棉花植株上，枯死的叶、蕾悬挂，并不会很快脱落。

图 3-13 枯死型黄萎病　　图 3-14 彩棉枯死型黄萎病

③落叶型黄萎病（见图 3-15）。落叶型黄萎病主要症状是顶叶向下卷曲褪绿，叶片突然萎垂，呈水渍状，随即脱落成光秆，出现急性萎蔫落叶症状。被感染棉花植株的幼嫩叶片、蕾及幼铃全部脱落，仅剩下个别老叶及成铃，7~10 天便成光秆，最后棉花植株完全枯死，对产量影响很大。目前，落叶型黄萎病在新疆许多棉田都有发生。

2）防治方法。种植抗病品种，加强田间管理，合理密植，改善通风透光条件。增施有机肥和钾肥，增强棉花植株的抗病性。可选用枯草芽孢杆菌等生物制剂处理土壤。

（4）炭疽病

1）症状识别（见图3-16、图3-17、图3-18）。炭疽病主要危害棉苗和棉铃。棉苗发病时，子叶边缘出现半圆形褐色病斑，病斑逐渐扩大，导致子叶枯死。棉铃发病时，病斑初期为暗红色小点，随后扩大为圆形或近圆形，中央凹陷，边缘呈紫红色。潮湿时，病斑上有橘红色黏质物。

图3-15 落叶型黄萎病

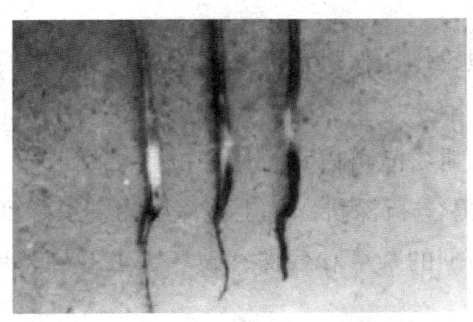

图3-16 炭疽病苗期根部发病症状

图3-17 炭疽病叶片发病症状

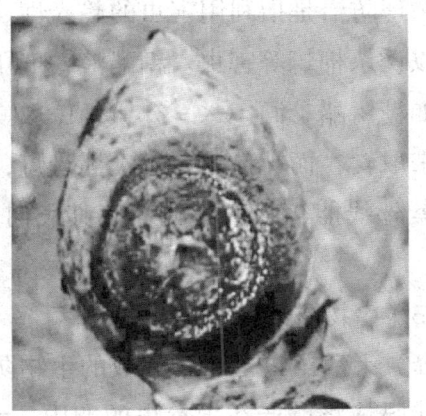

图3-18 炭疽病棉铃发病症状

2）防治方法

①选用无病种子或进行种子处理，如用福美双拌种。加强田间管理，及时清

除病残株。在发病初期，喷施甲基托布津等杀菌剂防治，每隔7~10天喷施1次，连续喷施2~3次。

②秋耕冬灌。选用优质棉种，根据天气情况适期播种。出苗后，及时中耕松土。对于病害严重的棉田，可增加中耕次数。间苗时，剔除病棉苗、弱棉苗，适当提高留苗密度。加强肥水管理，防止棉苗旺长，降低湿度。

③在发病初期，用40%炭疽福美可湿性粉剂600~800倍液、50%醚菌酯干燥悬浮剂3 000倍液、20%嘧菌酯悬浮剂1 500倍液或25%咪鲜胺乳油1 000倍液，每隔7天轮换喷施。

二、虫害防治

1. 防治方法

（1）耕作防治

耕作防治包括合理轮作、秋耕冬灌、清除杂草和残株等措施。合理轮作可以改变害虫的生存环境，减少害虫滋生。例如，棉花与小麦轮作，能够破坏棉铃虫等害虫的越冬场所。秋耕冬灌可以将土壤中的害虫蛹、卵等暴露在不良环境中或直接杀死。例如，在秋季进行深耕，将土壤深层的害虫翻到土壤表面，结合冬灌，冻死害虫。清除棉田周围的杂草和残株，破坏害虫的栖息地和减少食物来源，降低虫口密度。

（2）物理防治

物理防治是指利用害虫的趋光性、趋化性等特性防治虫害。悬挂糖醋液诱捕器可以诱杀棉蚜等害虫。糖醋液一般用糖、醋、酒、水，按照一定的比例混合制成，如糖∶醋∶酒∶水=3∶4∶1∶2。将糖醋液诱捕器放置在棉田周围，吸引害虫前来取食，而被捕杀。安装黑光灯，可以诱捕棉铃虫等夜蛾科害虫。黑光灯发出的紫外线能够吸引害虫，使其飞向灯光，进而被电网击杀或落入灯下的收集容器。

（3）生物防治

释放天敌昆虫是一种有效的生物防治方法。例如，释放赤眼蜂可以防治棉铃虫。赤眼蜂将卵产在棉铃虫的卵内，赤眼蜂的幼虫孵化后，以棉铃虫的卵为食，从而控制棉铃虫繁殖。施用生物农药也是一种生物防治方法。例如，施用苏云金芽孢杆菌制剂可以防治棉铃虫等鳞翅目害虫，它在害虫体内繁殖，使害虫中毒死亡，对环境和棉花的安全性较高。

（4）化学防治

化学防治是指根据害虫种类选择合适的农药，防治虫害。对于咀嚼式口器害虫，如棉铃虫，可选择胃毒剂或触杀剂，如高效氯氟氰菊酯；对于刺吸式口器害虫，如蚜虫，选择内吸杀虫剂效果更强，如吡虫啉。在施药时，按照说明书的要求控制剂量和浓度，避免农药残留和对环境造成污染。同时，选择合适的施药时间，一般在害虫幼龄期施药效果最强。

2. 棉花虫害的识别与防治

（1）棉铃虫

1）识别要点。幼虫体色变化较大，一般为绿色、淡绿色或淡褐色，有深色的纵条纹。幼虫主要蛀食棉花的蕾、花、铃，造成蕾铃脱落（见图3-19）。在棉铃上出现蛀孔，周围有粪便排出。

图3-19 棉铃虫危害状

2）防治方法

①耕作防治。采取秋耕冬灌、清除杂草和残株等措施，减少越冬虫源。

②物理防治。使用黑光灯诱捕成虫。

③生物防治。释放赤眼蜂或施用苏云金芽孢杆菌制剂。

④化学防治。在幼虫孵化高峰期，施用甲氨基阿维菌素苯甲酸盐等药剂防治。

（2）蚜虫

在我国，造成棉花虫害的蚜虫共有5种，分别为棉蚜、棉长管蚜、棉黑蚜、拐枣蚜和菜豆根蚜。危害较重的蚜虫有棉蚜（见图3-20）、棉黑蚜和棉长管蚜（见图3-21）。

图3-20 棉蚜危害棉花
（王少山，2009年）

图3-21 棉长管蚜危害棉花
（王少山，2009年）

1）识别要点。蚜虫体型较小，多为绿色或黑色。它们聚集在叶片背面和嫩梢上吸食汁液，使叶片卷曲、发黄，生长受阻。3种常见蚜虫形态比较见表3-2。

表3-2 3种常见蚜虫形态比较

蚜虫种类 形态	棉蚜	棉黑蚜	棉长管蚜
体色	淡黄色至淡绿色、深绿色、黑绿色、黄色	黑褐色至黑色，有光泽，略被蜡粉	草绿色，有时淡红褐色，被蜡粉
触角长度	3/5～3/4体长	3/5～3/4体长	1.1倍体长
腹管	黑色，长筒形，长度为1/5体长	黑色，长度为1/5体长	绿色或淡红褐色，长度为1/3体长
胸部和腹部瘤突	前胸和腹部第1及第7节有缘瘤	有缘瘤，腹部第7～8节背面有横纹	胸背部有微细横纹，腹部第1～6节背面有微刻点，第7～8节背面有细横纹或刻点

2）防治方法

①耕作防治。耕作防治包括合理密植，保证田间通风透光，减少蚜虫滋生。

②物理防治。使用银色反光膜驱蚜。

③生物防治。释放瓢虫、草蛉等天敌昆虫。

④化学防治。喷施吡虫啉、啶虫脒等内吸杀虫剂。注意将药液喷施在叶片背面上。

（3）棉叶螨

棉叶螨又称棉红蜘蛛。以新疆地区为例，棉叶螨主要有土耳其斯坦叶螨、敦煌叶螨、截形叶螨、朱砂叶螨和二斑叶螨等。

1）识别要点（见图3-22）。棉叶螨个体微小，呈黄绿色、黄褐色、浅黄色、墨绿色、红色或红褐色。棉叶螨主要危害叶片背面，也危害嫩枝、嫩茎、花萼、果柄和幼嫩的蕾铃。受害初期，在叶片正面上出现黄白色斑点；棉叶螨数量增加后，出现橘黄色斑点，严重时出现紫红色斑块。在受害叶片背面上有银白色丝网和土粒黏结。受害严重的叶片扭曲变形或枯萎脱落。受害的幼茎、苞叶或蕾铃，形成锈斑。在棉花生育后期，棉叶螨危害严重的棉田中会出现全棉田一片红色。

图3-22　土耳其斯坦叶螨危害叶片状（张建萍，2013年）

2）防治方法

①耕作防治。及时清除棉田杂草，减少棉红蜘蛛的寄主。

②物理防治。喷水冲刷叶片背面，减少棉红蜘蛛数量。

③生物防治。释放捕食性螨。

④化学防治。施用阿维菌素、哒螨灵等杀螨剂，重点喷施在叶片背面上。

（4）蓟马

危害棉花的蓟马主要有花蓟马、烟蓟马、西花蓟马。

1）识别要点（见图3-23、图3-24、图3-25、图3-26）。蓟马的个体较小，体色通常为黄色、黄棕色、棕色、黑棕色及黑色，翅细长透明，周缘有长毛。蓟马在叶片背面上锉吸，产生银白色的斑点，降低植物光合作用的效率，危害幼芽、花，导致幼芽、花及果实畸形。

2）防治方法。在苗期、蕾期，采用噻虫嗪、吡虫啉包衣。也可利用蓟马对蓝色的趋性，使用蓝色黏虫板诱杀。在花铃期，视虫情，施用金龟子绿僵菌CQMa421、噻虫嗪、乙基多杀菌素、甲氨基阿维菌素苯甲酸盐和阿维菌素等药剂，进行防治。

图3-23 烟蓟马危害生长点状

图3-24 烟蓟马危害幼苗状

图3-25 花蓟马危害花状

图3-26 花蓟马危害棉铃状

（5）棉盲蝽

危害我国棉区的棉盲蝽主要有绿盲蝽、中黑盲蝽、三点盲蝽、苜蓿盲蝽、牧草盲蝽。在各棉区，棉盲蝽的优势种类不同。

1）识别要点。棉盲蝽体长为5~8 mm，体色多为黄绿色、绿色、黄褐色至褐色，以成虫和若虫刺吸取食棉花幼嫩器官。叶片、蕾、花、棉铃均可受害。叶片在受害初期出现小黑点，后随叶片长大变成不规则孔洞；生长顶尖受害形成无头棉或乱头棉；小蕾受害后，出现黑色小斑点，后干枯脱落，大蕾受害后，苞叶外张，很少脱落；花苞受害表现为花瓣边缘卷曲变厚，不能正常开放，已开放花受害后，呈点片黑色，严重时花药、柱头全部变黑色。棉盲蝽危害状如图3-27、图3-28、图3-29、图3-30所示。

2）防治方法。最佳施药时间是棉盲蝽的若虫期，因为若虫期的虫体抗药性较弱。在清晨或傍晚喷施，此时棉盲蝽活动频繁，容易接触药剂。喷施时，要均匀周到，重点喷施棉花的上部叶片、嫩茎、花和果实等部位。选择高效的、低毒的、

图 3-27 棉盲蝽危害棉铃状

图 3-28 棉盲蝽危害叶片状

图 3-29 棉盲蝽危害蕾状

图 3-30 棉盲蝽危害花状

低残留的化学农药，如吡虫啉、啶虫脒、噻虫嗪等新烟碱类杀虫剂，对棉盲蝽有较强的防治效果。同时，可以选择一些复配药剂，如联苯菊酯＋噻虫嗪等，以增强防治效果。一般每隔 7～10 天喷施 1 次，连续喷施 2～3 次。同时，注意交替施用不同药剂，避免棉盲蝽产生抗药性。

三、草害防治

棉田杂草种类数量多、与棉花共生共长，与棉花争夺阳光、肥料、水分等资源，同时，为许多棉花病虫害提供栖息环境，加重了病虫害发生与传播，使棉花生产遭受损失。

1. 棉田杂草识别

从生产实际情况出发，按草害防治方法可将杂草分为以下几类。

（1）禾本科杂草

禾本科杂草如马唐、狗尾草等。禾本科杂草主要通过种子繁殖，生长速度快，与棉花争夺养分、水分和阳光。

1）马唐（见图3-31）。马唐幼苗为深绿色，密生柔毛。茎倾斜，匍匐生长，常长出新枝。叶互生，呈线状披针形，有软毛或无毛，为黄棕色。总状花序呈指状排列。颖果透明，呈椭圆形。种子为淡黄色或灰白色。

2）狗尾草（见图3-32）。狗尾草的叶鞘部位无毛或有一些柔毛和疣毛，边缘部分有比较长的密绵毛状纤毛。叶片的形状呈长三角状狭披针形或线状披针形，底下的叶片基部呈钝圆形，长为4~30 cm，宽为2~18 cm，表面通常无毛或疏被疣毛。圆锥花序部分比较紧密，大多呈圆柱状，主轴部分有比较长的柔毛。

图3-31 马唐

图3-32 狗尾草

3）稗子。稗子全株光滑无毛，分蘖力强。根系强大丛生，易生不定根。第一片叶短，较宽，先端尖，叶片上有少量柔毛，叶鞘鞘口无毛，叶鞘基部有毛，边缘微粗糙，中脉色淡而明显，无叶耳及叶舌。圆锥花序为绿色或紫色，穗轴上有绒毛。种子为颖果，有短芒，种皮角质坚硬，具光泽。

（2）阔叶杂草

阔叶杂草如苘麻、藜等。阔叶杂草的生长习性多样，有的是一年生，有的是多年生，影响棉花生长和田间管理。

1）苘麻（见图3-33）。苘麻是一年生亚灌木状草本植物，植株高度为1~2 m，茎枝有柔毛。蒴果为半球形，种子呈肾形，为褐色，种子表面有星状柔毛。苘麻的个体较大，是棉铃虫、蚜虫的寄主。

2）藜（见图3-34）。藜的子叶呈狭披针形，肉质，先端钝，基部略宽，具叶柄。初生叶呈三

图3-33 苘麻

角状卵形，先端圆，基部呈戟形，全缘，主脉显，背面有白粉，叶柄与叶片等长。成株茎平卧或往上斜生，基部多分枝，有绿色或紫色条纹，光滑。叶片呈披针形或卵状矩圆形，叶缘有波状牙齿，上面无粉，为深绿色，下面有粉，为灰白色。花团集排列，呈穗状或圆锥状，胞果露出花被外，种子横生，为暗褐色或红褐色，表面有细点纹。

3）萹蓄（见图3-35）。萹蓄的下胚轴发达，为紫红色；子叶为2片，呈长条形，光滑。初生叶为1片，呈披针形，光滑，无托叶鞘。茎平铺或斜卧于地面上，基部分枝，节明显。叶互生，近无柄，叶片呈披针形或长椭圆形，全缘。花簇生于叶腋间，被绿色，边缘为白色或粉红色。瘦果为三棱形。

图3-34 藜

图3-35 萹蓄

4）苍耳（见图3-36）。苍耳的子叶肉质肥厚，呈匙形，光滑无毛。初生叶为2片，呈卵圆形，先端钝，叶缘有锯齿，叶片与叶柄均密被绒毛，主脉明显。茎直立粗壮，多分枝，下部为紫色，向上逐渐变绿色，有长条状斑点。叶互生，叶片呈卵状三角形，叶缘具不规则锯齿，常有浅裂。叶柄长，密被细毛。头状花序，花单性，雌雄同株。雄花序为球形，顶生；雌花序为卵形，腋生，总苞有钩刺。瘦果呈长椭圆形，表面有钩刺。

5）龙葵（见图3-37）。龙葵属于茄科杂草，俗名野茄秧、老鸦眼子、苦葵、黑星星、黑油油。植株粗壮，茎直立，多分枝，为绿色或紫色。叶对生，呈卵形，全缘或具不规则的波状粗齿，光滑或两面均被稀疏短绒毛，叶柄长为1~2 cm。短蝎尾状聚伞花序腋外生，通常着生4~10朵花。花萼呈杯状，为绿色，有5个浅裂，花冠为白色，呈辐状，有5个裂，裂片呈卵状三角形，雄蕊5枚，生于花冠管口，花药为黄色。浆果呈球形，成熟时为黑色。

图 3-36 苍耳

图 3-37 龙葵

6）田旋花。田旋花子叶为 2 片，呈近方形，先端微凹，有柄，叶脉明显。初生叶为 1 片，呈戟形或矩圆形，先端较圆、光滑。根状茎细长，横生，呈圆柱形。茎细，蔓生，匍匐地面或攀缠于其他作物上，光滑或有毛。单叶、互生，叶片呈卵状长圆形、三角状卵形，顶端钝圆，有急尖，有叶耳，全缘，两面光滑或有毛，有柄。花单生于叶腋，具花梗，花冠呈漏斗状，顶端有 5 个浅裂，为粉红色或白色。蒴果呈球形或圆锥形。

7）刺儿菜。刺儿菜的子叶为 2 片，呈卵圆形，光滑，无叶柄。初生叶为 2 片，呈长卵圆形，叶缘呈锯齿状，有刺，叶背面有柔毛。茎直立，表面可能有蛛丝状毛。叶互生，中下部叶片呈椭圆形或椭圆形披针状，近全缘或有疏锯齿，齿端有刺，无柄。头状花序，花单生于顶，花冠为紫红色，为管状花。瘦果呈椭圆形，具羽状冠毛。

图 3-38 野西瓜苗

8）野西瓜苗（见图 3-38）。野西瓜苗为一年生草本植物。叶边缘为波状齿，先端尖锐，基部呈楔形，叶柄长为 2 cm，全株被疏密不等的细软毛。茎梢柔软，直立或稍卧生。

9）马齿苋（见图 3-39）。马齿苋为一年生草本植物，全株无毛。茎平卧或斜倚，伏地铺散，多分枝。蒴果呈卵球形，长约为 5 mm，盖有裂。种子细小，多数呈偏斜球形，为黑褐色，有光泽，直径不及 1 mm，具小疣状凸起。

10）反枝苋（见图 3-40）。反枝苋为一年生草本植物，植株高度为 20～80 cm，有时达 1 m。茎直立较粗壮。圆锥花序顶生及腋生，直立，直径为 2～4 cm。

图 3-39　马齿苋

图 3-40　反枝苋

（3）莎草科杂草

1）香附子。香附子是典型的莎草科杂草，有匍匐根状茎和椭圆形块茎。茎直立，呈三棱形，叶片呈线形。香附子的繁殖能力极强，既可以通过种子繁殖，也可以通过块茎和根状茎繁殖，在棉田中很难被根除。

2）荆三棱。荆三棱的根茎横生，粗而长，端部生球状块茎。地上茎直立粗壮，呈三棱形，光滑。秆生条状叶互生，叶鞘长，抱茎。幼苗直立，叶片呈针状，光滑无毛。成株后，叶片边缘有白色透明的细刺。复穗状花序顶生，小穗柄不等长，小穗呈卵形或长卵形，为锈褐色。小坚果呈倒卵形、三棱形，为黄白色。

3）扁秆藨草。扁秆藨草的根状茎细而坚韧，匍匐，短而有须根，具块状茎。地上茎直立，呈三棱形，光滑，近花序部分粗糙、扁。秆生叶扁平，呈条状，叶鞘长。聚伞花序短缩呈头状，通常有 3 个小穗，小穗呈卵形或矩圆状卵形，为锈褐色。小坚果扁，两面微凹。

2. 施用除草剂

（1）选择合适的除草剂

根据杂草种类和棉花生育期选择除草剂。对于禾本科杂草，可选择精喹禾灵、高效盖草能等；对于阔叶杂草，可选择氟磺胺草醚、乙羧氟草醚等；对于莎草科杂草，如香附子，可选择氯吡嘧磺隆等。同时，要考虑除草剂的安全性，选择对棉花相对安全的除草剂，避免造成药害。

（2）严格按照说明书施用除草剂

除草剂的施用量、施用时间和施用方法都要严格按照说明书的要求。例如，施用苗前封闭除草剂，要在土壤湿度适宜（土壤含水量60%左右）的情况下进行。施用后，不要翻动土壤，以免破坏药膜。施用苗后茎叶处理除草剂，要在杂草生长旺盛期（一般3~5叶期），避免在棉花幼苗期（特别是子叶期），造成药害。

四、鼠害防治

1. 灭鼠时间的选择

最佳灭鼠时间是春季和秋季。春季，随着气温升高，老鼠的繁殖活动频繁。春季灭鼠可以有效控制老鼠数量。而且春季是棉花播种和棉苗生长的时间，灭鼠能够保护棉花种子和棉苗。秋季，老鼠会大量储存食物以备过冬，活动范围扩大。秋季灭鼠可以减少老鼠对成熟棉铃的危害，同时也能破坏老鼠的食物储备，降低其越冬成活率。

2. 鼠害防治方法

（1）物理防治

物理防治是指使用捕鼠夹、黏鼠板等器械防治鼠害。将捕鼠夹放置在老鼠经常出没的地方，如棉田周围的田埂、沟渠边及仓库角落等。在放置捕鼠夹时，选择合适的诱饵，如花生、油条等，将诱饵固定在捕鼠夹的触发机关上，以提高捕杀效率。展开黏鼠板，平放在地面上或靠墙放置，同时放置诱饵，吸引老鼠。

（2）化学防治

化学防治是指选择合适的杀鼠剂，如溴敌隆等抗凝血类杀鼠剂防治鼠害（具体可参考"职业模块一"）。

（3）生物防治

生物防治是指利用天敌灭鼠，如猫、猫头鹰等防治鼠害。在棉田周围，可以饲养一些猫，或者保护猫头鹰等天敌的栖息地，吸引它们前来捕食老鼠。不过，生物防治的速度相对较慢，需要长期维护良好的生态环境。

学习单元 4 棉田无人机施药

掌握棉田无人机施药的方法。

一、施药前的准备工作

1. 农药和助剂的选择与配制

（1）农药选择

根据棉田病虫草鼠害的种类和程度，选择合适的农药。例如，防治棉铃虫，可以选择高效氯氟氰菊酯、甲氨基阿维菌素苯甲酸盐等杀虫剂；防治枯萎病、黄萎病，可以选择多菌灵、噁霉灵等杀菌剂。确保所选农药的剂型适合无人机施药，如悬浮剂、水剂、乳剂、可湿性粉剂等。

（2）助剂添加

为了增强农药的附着性、渗透性和药效，通常需要添加助剂。例如，有机硅助剂可以减弱溶液的表面张力，使农药更好地在叶片表面上铺展和附着。按照说明书的要求确定一般助剂的添加量，通常为农药施用量的 0.1%～0.5%。在配制农药溶液时，先将助剂加入水，搅拌均匀后再加入农药，充分搅拌，确保农药和助剂完全溶解或均匀分散。

2. 无人机检查与调试

（1）外观检查

检查无人机的机身、机翼、螺旋桨等部件是否有损坏、变形或松动的情况。确保各个部件连接牢固，特别是喷头系统和药箱安装稳固，没有渗漏。

（2）功能调试

开启无人机的电源，检查飞行控制系统、导航系统、电机、螺旋桨等是否正常。对喷头进行喷雾测试,观察喷雾的均匀度和雾化效果。调整喷头的角度和喷雾压力,使喷雾范围和雾滴大小符合棉田施药的要求。一般根据棉花生育期和病虫草鼠害防治目标,确定雾滴大小。例如,在苗期,雾滴直径为 100~200 μm,在棉花生长中后期,适当增大雾滴直径为 200~300 μm。

3. 气象条件评估

(1) 风向和风速

合适的风向和风速是无人机施药的关键因素。理想的风速为 3~4 m/s,且风向相对稳定。避免在大风(风速超过 6 m/s)天施药,大风导致雾滴飘移,降低农药在棉田的沉积率,还可能使农药飘移到邻近的非目标区域,造成环境污染和药害。

(2) 温度和湿度

一般选择在温度适中(15~30 ℃)、相对湿度较高(40%~70%)的时段施药。高温(超过 35 ℃)可能使农药挥发过快,影响药效,同时也容易造成药害。湿度较低时,雾滴蒸发快,也不利于农药在叶片上沉积。

二、无人机施药操作要点

1. 飞行高度和飞行速度

(1) 飞行高度

在棉田中,使用无人机施药时,飞行高度一般为距离棉花冠层 1.5~3 m。飞行高度过低,螺旋桨产生的气流可能损坏棉花植株;飞行高度过高,雾滴在下降过程中容易飘散,不能有效沉积在叶片上。例如,在棉花生长初期,棉花植株较矮,可适当降低飞行高度为 1.5~2 m;在棉花生长中后期,冠层茂密,可调整飞行高度为 2~3 m。

(2) 飞行速度

根据无人机的型号、喷头数量和喷雾量等因素,确定飞行速度,一般保持在 4~6 m/s。合理的飞行速度能保证雾滴均匀地喷施在棉田中,避免漏喷或重喷。在实际操作中,可以根据棉田面积、形状和施药量等适当调整飞行速度。

2. 航线规划和障碍物避让

(1) 航线规划

使用无人机配套的航线规划软件,根据棉田面积、形状和障碍物分布等情况规划航线,确保棉田的每个区域都被均匀覆盖。根据喷雾宽度和雾滴沉积特性,设置相邻航线的间距,一般间距为 70%~80% 喷雾宽度。例如,喷雾宽度为 4 m,可设置相邻航线的间距为 2.8~3.2 m。

(2)障碍物避让

棉田周围可能有电线杆、树木、灌溉设施等障碍物。在规划航线时,准确标记障碍物的位置。同时,在施药过程中,密切关注无人机的飞行状态,确保其自动避开障碍物,避免碰撞、损坏。

3. 施药过程实时监控

(1)农药液位和喷雾量监控

在无人机施药过程中,要实时监控农药液位和喷雾量。一些先进的无人机还配备了液位传感器和喷雾量监测装置,可以随时查看农药液位和喷雾量是否正常。如果发现液位过低或者喷雾量异常,要及时降落,补充农药或者检查喷头是否堵塞。

(2)飞行状态监控

通过无人机地面控制站,实时监控无人机的飞行姿态、位置、飞行高度、飞行速度等参数。如果无人机出现偏离航线、飞行不稳定等情况,要及时调整。同时,观察无人机的电量,确保有足够的电量完成施药任务,避免因电量不足导致无人机中途降落。

三、注意事项

1. **清洗和维护无人机**

(1)清洗无人机

施药后,及时清洗无人机的药箱、喷头、管道等与农药接触的部件。首先用清水冲洗,然后用专门的清洗剂清洗,去除残留的农药。妥善处理清洗无人机的废水,避免污染环境。

(2)检查和维护部件

检查无人机的各个部件是否有损坏或磨损的情况,特别是喷头是否堵塞,电机和螺旋桨是否正常。及时更换磨损的部件,对无人机进行全面保养,为下一次施药做好准备。

2. **效果评估和后续观察**

(1)效果评估

根据农药的作用特性,在施药后 1~7 天内,评估病虫草鼠害是否得到控制。

例如，施用杀虫剂后，观察害虫的死亡情况；施用杀菌剂后，查看病害蔓延是否得到遏制。如果防治效果不理想，要分析原因，可能是农药选择不当、施药量不足、施药不均匀等，需要采取相应的补救措施。

（2）后续观察

注意观察是否造成药害。药害表现为叶片发黄、枯萎、畸形、生长迟缓等。如果造成药害，及时采取措施，减轻药害影响，如浇水、施肥、喷施解毒剂等。在后续的棉田管理中，持续关注棉花的生长情况，确保棉花正常生长和发育。

职业模块四 收获管理

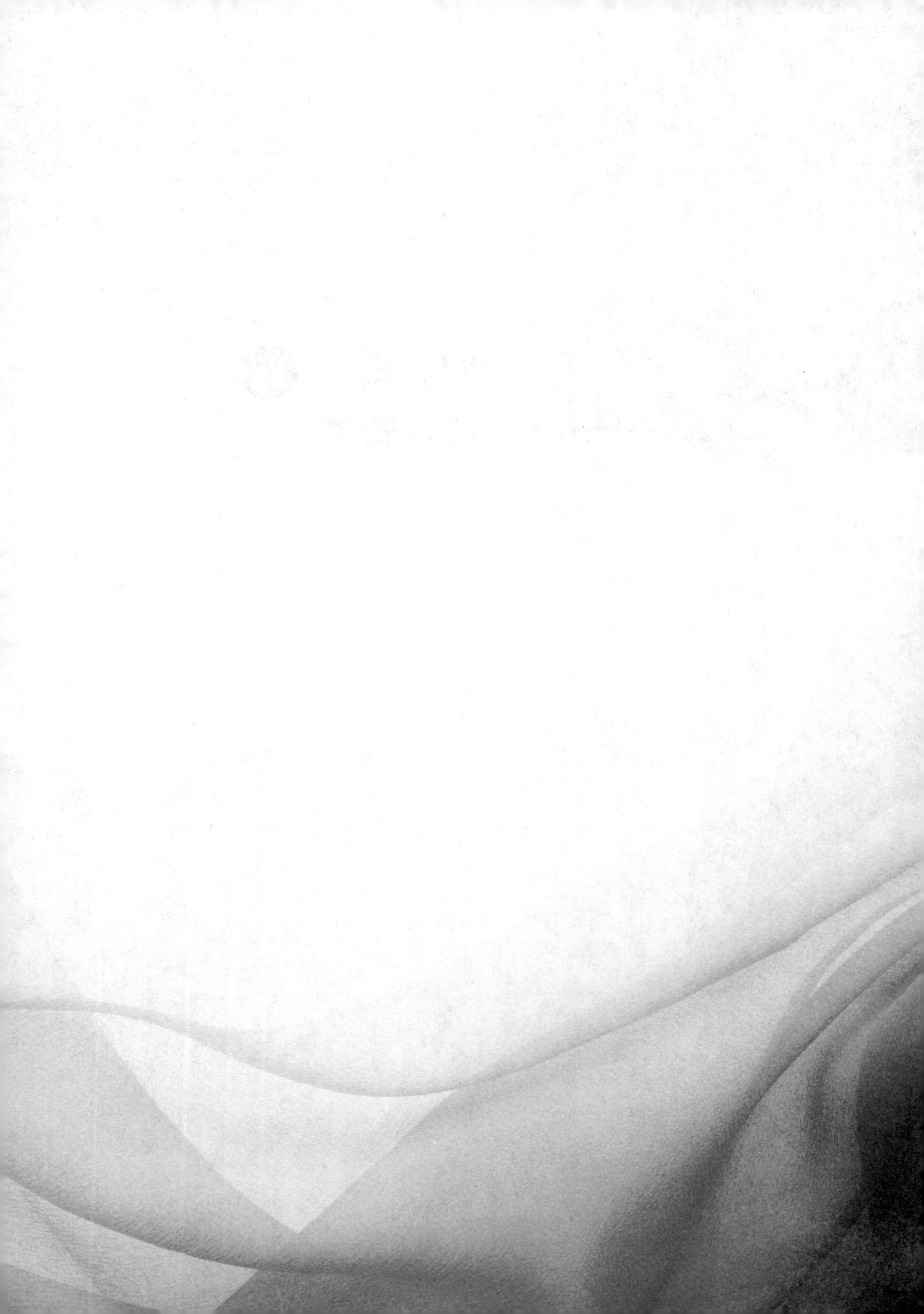

培训课程 1

收获

学习单元 1　棉花成熟、收获及田间清理

了解棉花成熟、收获及田间清理知识。

一、棉花成熟

1. 生理成熟

（1）特征表现

生理成熟主要体现在棉铃的发育过程中。当棉铃生长到一定的阶段，内部的棉籽和棉纤维达到生理成熟状态。棉籽充实饱满，由白色变为黑褐色，种皮坚硬。棉纤维的细胞壁增厚，捻曲度提高，纤维长度和纤维强度达到最大值。例如，陆地棉的棉籽在生理成熟时，长度一般为 8~12 mm，宽度为 3~5 mm，颜色深且有光泽。棉纤维的成熟系数也达到较高水平，通常为 1.6~2.0。

（2）影响因素

1）温度。适宜的温度是影响生理成熟的关键影响因素之一。在花铃期，棉花需要充足的热量，促进棉铃发育和棉纤维生长。一般来说，在 20~30 ℃温度下，棉铃发育良好，温度过高或过低都会影响棉铃的成熟速度和纤维品质。例如，在

高温环境下（超过35 ℃），棉铃可能提前开裂，纤维品质下降；而在低温环境下（低于15 ℃），棉铃发育会减缓，甚至出现棉铃无法正常成熟的情况。

2）光照。充足的光照有利于光合作用，为棉铃发育和棉纤维生长提供足够的能量和养分。在棉花生长后期，光照时间长、光照强度适中，可以促进棉铃成熟和提高棉纤维的成熟度。例如，在新疆棉区，由于光照充足，棉花的生理成熟度普遍较高，纤维品质优良。

3）水分和养分。棉花在生理成熟过程中对水分和养分的需求也是重要影响因素。适量的水分可以保证棉铃正常发育和充实。在棉铃充实期，田间持水量保持在60%～70%较为适宜。在养分方面，氮、磷、钾等大量元素，以及硼、锌等微量元素对棉花生理成熟有重要影响。例如，钾肥可以增强棉花抗逆性，促进棉铃成熟和提升纤维品质；硼元素能够促进花粉萌发和花粉管伸长，对棉铃受精和发育起积极作用。

2. 商品成熟

（1）判断标准

商品成熟主要从棉铃外观和纤维品质来判断。当棉铃充分开裂，露出蓬松的棉絮，且棉絮洁白、有光泽时，基本符合商品成熟的要求。此时，纤维长度、纤维强度、马克隆值等指标符合纺织工艺的要求。例如，一般优质的商品棉纤维长度为28～32 mm，马克隆值为3.7～4.2。这样的商品棉在市场上具有较高的价值。

（2）商品成熟与生理成熟的关系

商品成熟通常是在生理成熟的基础上进一步发展而来的。生理成熟是指棉花内部生理过程达到成熟状态，商品成熟更侧重于棉铃外观和纤维品质符合市场和纺织工艺的要求。在一般情况下，生理成熟的棉花经过一段时间的后熟作用，如在适宜的温度和湿度条件下，棉铃进一步开裂，纤维品质得到提升，从而达到商品成熟状态。有时，棉花可能生理成熟了，由于环境因素或品种特性等，没有达到理想的商品成熟状态。例如，棉纤维的马克隆值过高或过低，影响其可纺性。

二、棉花收获

1. 收获方法

（1）人工采摘

1）操作要点。人工采摘是一种传统的棉花收获的方法。采摘时，用手将棉铃中的棉絮轻轻摘下，放入采摘袋。在采摘过程中，要尽量避免混入杂质，如叶片、棉壳等。采摘时，戴手套，防止手指上的汗水和污渍沾染棉絮，同时仔细挑选，只采摘成熟的棉铃，保留未完全成熟的棉铃，等待下次采摘。

2）适用范围和优缺点。人工采摘适用于小规模种植或对棉花品质要求极高的情况。其优点是保证棉花品质，采摘的棉花杂质少，棉纤维损伤小。缺点是效率低，人工成本高。在劳动力短缺的情况下，大规模人工采摘很困难。

（2）机械采摘

1）操作要点。机械采摘需要使用专门的棉花采摘机（见图4-1）。棉花采摘机通过旋转的采摘头将棉铃摘下，并将棉絮和杂质一起收集到棉花采摘机的储存箱中。在机械采摘前，要对棉田进行适当的整理，如清除田间的大型障碍物、调整行距和株距等，以方便棉花采摘机作业。根据植株高度，调整采摘头的高度，一般采摘头距离地面40~60 cm，确保有效地采摘棉铃。

图4-1 棉花采摘机

2）适用范围和优缺点。机械采摘适用于大面积种植的棉田，效率高，可以在短时间内大量收获棉花。机械采摘也存在一些缺点，如容易混入较多的杂质，包括叶片、棉壳、尘土等，对棉花品质有一定的影响。棉花采摘机的作业性能指标见表4-1。机械采摘对棉花品种和种植方式有一定的要求。例如，棉花的株型要紧凑、果枝分布合理，便于棉花采摘机操作。

表4-1 棉花采摘机的作业性能指标

项目	指标
采净率/%	≥93%
籽棉含杂率/%	≤11%
撞落棉率/%	≤2.5%
籽棉含水率增加值/%	≤3%
成包率*/%	≥95%
棉包密度*/(kg/m³)	≥200 kg/m³

注：*适用于打包式棉花采摘机。

2. 脱绒

（1）化学脱绒

1）原理和方法。化学脱绒是指使用化学药剂与棉籽表面的短绒发生化学反应，将短绒去除。常用的化学药剂有硫酸等。在脱绒过程中，将棉籽浸泡在硫酸溶液中，经过一定时间的反应，短绒被碳化，然后通过清洗、中和等步骤，去除碳化的短绒和化学药剂，得到光滑的棉籽。例如，一般采用浓度为92%～98%的硫酸，按照10%～15%棉籽质量的用量进行浸泡，然后用清水冲洗，再用碳酸氢钠溶液进行中和，以保证棉籽的酸碱度适宜。

2）注意事项。化学脱绒需要严格遵守安全操作规程。硫酸是一种强酸，具有腐蚀性。在操作过程中，穿戴防护用品，如耐酸手套、护目镜等。同时，化学脱绒后的废水含有酸性物质和杂质，需要妥善处理，避免对环境造成污染。

（2）机械脱绒

1）原理和方法。机械脱绒是指使用机械脱绒设备，采用摩擦、打击棉籽等方式，去除短绒。常见的机械脱绒设备有锯齿式脱绒机。将棉籽放入锯齿式脱绒机后，在高速旋转的锯齿的作用下，短绒被刷掉或磨掉。在机械脱绒过程中，根据棉籽的质量和数量，调整锯齿式脱绒机的转速、进料速度等参数，以达到最强的脱绒效果。例如，对于含水量较大的棉籽，可以适当减慢转速，也要相应减慢进料速度，避免棉籽破碎。

2）注意事项。在机械脱绒过程中，注意维护和保养机械脱绒设备。定期检查锯齿的磨损情况，及时更换磨损严重的部件，以保证脱绒质量。同时，机械脱绒也会产生一定量的棉尘，采取有效的防尘措施，如安装吸尘装置，防止棉尘对健康造成危害。

三、田间清理

1. 残茬清理

（1）清理方式和清理工具

清理残茬主要是指清理棉花收获后留在田间的植株残体，包括棉秆、残根等。可以采用机械清理和人工清理相结合的清理方式。机械清理一般使用秸秆还田机或犁耕设备。秸秆还田机可以将棉秆切碎后翻耕到土壤中，增加土壤有机质含量。在使用秸秆还田机时，调整刀具的高度和转速，切碎棉秆长度为 5～10 cm，然后将切碎的棉秆翻耕到土壤深度为 10～15 cm 处。如果采用人工清理，可以使用锄头或镰刀将棉秆和残根清除。

（2）残茬利用和处理

可以采用多种方法利用清理后的棉秆。例如，棉秆可以作为生物质燃料，用于发电或供热，也可以制作饲料、造纸、生产纤维板等。如果不进行回收利用，应妥善处理残茬，避免随意堆放，造成环境污染。对于残根，可以通过深耕将其埋入土壤深层，加速其分解，为土壤提供养分。

2. 杂物清理

（1）杂物类型和清理重点

棉田中的杂物主要包括落叶、残花、棉壳，以及在收获过程中混入的塑料薄膜、包装材料等。其中，清理塑料薄膜和包装材料等非生物可降解性杂物尤为重要。这些杂物会影响土壤结构和棉田生态环境。在清理过程中，要重点清理附着在土壤表面上和土壤浅层中的杂物。

（2）清理方法和环保措施

对于落叶、残花和棉壳等有机杂物，可以采用翻耕或耙地的方式将其埋入土壤，使其自然分解，增强土壤肥力。对于塑料薄膜等杂物，人工收集，集中处理。可以将收集的塑料薄膜送往回收站，进行回收利用；或者采用环保型的塑料薄膜，在自然环境下较快地分解，减少环境污染。同时，在棉田管理过程中，尽量减少采用不可降解的包装材料，推广采用可降解的包装材料，从源头上控制杂物产生。

学习单元2　脱叶剂施用

掌握脱叶剂施用的方法。

一、脱叶剂选择

1. 有效成分分析

脱叶剂的主要成分包括噻苯隆、敌草隆、乙烯利等。

（1）噻苯隆

噻苯隆是一种植物生长调节剂，通过促进叶片离层形成，使叶片脱落。它的脱叶效果较强，一般浓度为 30~50 g/L。在合适的条件下，噻苯隆能使叶片在 7~14 天内大量脱落。

（2）敌草隆

敌草隆是一种除草剂，在脱叶剂中主要起辅助作用，增强脱叶效果，同时也有一定的干燥作用，浓度通常为 100~200 g/L。

（3）乙烯利

乙烯利可以加速棉花成熟和叶片衰老，促进叶片脱落，浓度为 400~700 g/L。

2. 脱叶剂品牌选择

选择信誉良好的脱叶剂品牌。可以参考使用经验、农资经销商的推荐及市场评价。信誉良好品牌的脱叶剂在有效成分含量、稳定性和安全性方面更有保障。同时，检查脱叶剂的生产日期、保质期等信息，确保脱叶剂新鲜有效。过期的脱叶剂因为有效成分分解，而减弱脱叶效果。

二、施用时间确定

1. 棉花生育期因素

一般在吐絮率达到 40%～60% 时,施用脱叶剂较为合适。在这个时期,棉花的生理活动开始从营养生长向生殖生长转变,叶片的功能逐渐衰退,对脱叶剂的敏感性增强。如果过早施用,棉花尚未充分成熟,影响产量和纤维品质;如果过晚施用,天气转冷,脱叶效果不理想,并且给棉花采摘带来困难。

2. 气象条件因素

(1) 温度

脱叶剂发挥作用需要适宜的温度。一般日平均温度为 18～25 ℃时,施用脱叶剂效果较强。温度过高,脱叶剂蒸发快,影响药效;温度过低,棉花的生理活动减缓,对脱叶剂的吸收和反应能力减弱,导致脱叶缓慢。

(2) 湿度

相对湿度为 40%～70% 时,施用脱叶剂效果较为理想。湿度太低,脱叶剂溶液容易在叶片表面上干涸,不利于吸收。如果在施用脱叶剂后短时间内降雨,会冲刷脱叶剂,需要重新施用脱叶剂。因此,要关注天气预报,尽量选择在无雨天气施用脱叶剂,且至少保证施用脱叶剂后 4～6 h 内没有降雨。

三、施用方法和施用量

1. 施用方法

(1) 机械喷施

使用拖拉机牵引的喷雾机或高地隙自走式喷雾机进行喷施。喷施时,确保喷头高度和角度合适,使雾滴均匀地覆盖棉花植株。一般喷头距离棉花顶部 40～60 cm,根据株型和生长情况调整喷雾角度,保证叶片正反面都能接触脱叶剂。

(2) 无人机喷施(适合大面积作业)

使用无人机喷施的效率高,能快速覆盖大面积棉田。在使用无人机施用脱叶剂时,根据无人机的型号和性能,调整飞行高度和飞行速度。一般飞行高度为 1.5～2.5 m,飞行速度为 4～6 m/s。同时,合理规划航线,确保覆盖棉田无遗漏。

2. 施用量

根据脱叶剂的种类、棉花品种、种植密度和生长情况等因素调整施用量。以噻苯隆和敌草隆复配的脱叶剂为例,一般每亩施用量为 30～50 mL,乙烯利的每亩施用量为 80~120 mL。如果棉花生长旺盛、叶片茂密，可以适当增加施用量；对于生长较弱的棉花，可适当减小施用量，避免过度脱叶影响棉花的产量和品质。

四、施用后管理

1. 观察和记录药效

施用脱叶剂后，定期观察脱叶效果。一般在施用脱叶剂后 3~5 天开始脱叶，7~14 天达到高峰。观察脱叶率、吐絮情况，以及棉花的生长情况。例如，在棉田中，随机选取多个样点，统计每个样点的脱叶株数和总株数，计算脱叶率（脱叶率 = 脱叶株数 ÷ 总株数 ×100%）。

2. 处理残液和清洗设备

（1）处理残液

妥善处理脱叶剂残液，避免随意倾倒，污染环境。按照当地环保部门的要求，将残液收集在专门的容器中，交给有资质的单位处理。

（2）清洗设备

使用施药设备（喷雾机、无人机等）后，及时清洗。首先用清水冲洗，然后用专门的清洗剂清洗，确保施药设备内没有残留脱叶剂。对清洗后的废水，经过处理后才能排放，防止对土壤和水体造成污染。

3. 安排棉花采摘

根据脱叶和吐絮情况，安排棉花采摘。当脱叶率达到 80%~90%，且大部分棉铃已吐絮时，即可进行机械采摘或人工采摘。及时采摘可以避免棉花在田间受到污染或品质下降。

培训课程 2

整理

学习单元1　棉花整理和包装

掌握棉花整理和包装的方法。

一、棉花整理

1. 脱绒

（1）脱绒的目的和重要性

脱绒主要是为了提高棉籽的质量和便于后续加工。如果不去除棉籽表面的短绒，在储存过程中，容易吸湿发霉，影响种子发芽率和质量。而且，脱绒后的棉籽更有利于榨油等加工处理，同时减少棉籽在运输过程中的体积和质量。例如，在棉籽油的生产中，使用脱绒后的棉籽，可以更高效地提取油脂，并且提取的油脂质量也更高。

（2）不同脱绒方法的特点

1）化学脱绒

①优点。化学脱绒的效果比较强，能够将棉籽表面的短绒去除得比较干净。它可以通过调整化学药剂的浓度和反应时间，精确控制脱绒程度。例如，采用硫

酸脱绒时，通过调整硫酸的浓度和浸泡时间，可以使棉籽脱绒达到理想的光滑度。

②缺点。化学脱绒采用的药剂，如硫酸等，具有腐蚀性，在操作过程中存在安全风险。如果操作不当，可能对操作人员造成伤害。化学脱绒后的废水处理比较复杂。如果直接排放含有酸性物质的废水，会对环境造成污染。

2）机械脱绒

①优点。机械脱绒比较环保，不会造成化学污染。机械脱绒设备操作简单，只要按照正确的操作规程，就能够稳定地脱绒。例如，锯齿式脱绒机通过机械摩擦原理脱绒，操作人员经过简单培训就能掌握操作技巧。

②缺点。机械脱绒可能对棉籽造成一定的损伤，如在摩擦过程中可能导致部分棉籽破裂。机械脱绒的效果不如化学脱绒强，对于一些短绒比较紧密的棉籽，可能无法完全去除短绒。

2. 干燥

（1）干燥的原因和要求

棉花在收获后，通常含有一定的水分。过高的含水量会导致棉花发霉、变质，影响其质量和储存寿命。干燥后的棉花含水量一般为8%~12%。当棉花含水量超过15%时，在储存过程中很容易滋生霉菌，使棉花颜色变黄、纤维强度下降。

（2）干燥方法和干燥设备

1）自然干燥。自然干燥是一种传统的干燥方法。将棉花摊放在通风良好、阳光充足的地方，让棉花自然干燥。在晾晒过程中，经常翻动棉花，使棉花各部分都能充分接触阳光和空气，保证干燥均匀。自然干燥的优点是成本低，不需要额外的设备。自然干燥受气候条件的影响较大，如果遇到连续的阴雨天气，就无法进行。

2）机械（热风）干燥。机械干燥是指利用热空气对棉花进行干燥。使用专门的干燥设备，如热风干燥机，将加热后的空气吹入棉花堆，带走水分。机械干燥的速度快，不受天气影响，能够在较短的时间内将棉花干燥到要求的含水量。例如，在大型棉花加工厂中，可以根据棉花的初始含水量和干燥要求，调节热风干燥机的温度，一般温度为40~60 ℃，既能保证干燥效率，又能避免高温对棉纤维造成损伤。

3. 去除杂质

（1）杂质的类型和影响

棉花中的杂质主要包括棉叶、棉壳、尘土、砂石，以及在收获和运输过程中混入的异物等。这些杂质会影响棉花品质和可纺性。例如，在纺纱过程中，棉叶和棉壳等杂质会导致纤维强度不均匀，出现疵点；尘土和砂石会磨损纺纱设备，缩短其使用寿命。

（2）去除杂质的方法

1）筛选法。筛选法是指通过不同孔径的筛子对棉花进行筛选，将比棉花颗粒大的杂质（如棉壳）和比棉花颗粒小的杂质（如尘土）分离出来。例如，在棉花加工厂中，首先使用粗筛筛除较大的杂质，然后使用细筛进一步筛除细小的杂质。

2）气流法。气流法是指利用棉花和杂质在气流中的悬浮状态来分离杂质。棉花能够在气流作用下悬浮，较重的杂质会下沉，较轻的杂质会被气流带走。使用先进的棉花清理设备，通过调节气流的速度和方向，使棉花和杂质分离，达到去除杂质的目的。

3）打手法。打手法是指通过高速旋转的打手打击棉花，使棉花中的杂质与棉纤维分离。根据棉花的杂质含量和品种等因素，调整打手的转速和力度。对于杂质较多的棉花，可以适当加快打手的转速，注意避免过度打击导致棉纤维受损。

二、棉花包装

1. 棉花包装材料

（1）塑料编织袋

塑料编织袋是一种常用的棉花包装材料，具有强度高、耐磨、防潮等优点。使用塑料编织袋可以有效地保护棉花在运输和储存过程中不受外界因素影响。例如，在将棉花运输到纺织厂的过程中，使用塑料编织袋能够防止棉花被雨水淋湿，避免棉花受潮、发霉。而且，可以在塑料编织袋上印刷产品信息、商标等内容，便于识别和追溯。

（2）棉布包

棉布包也是一种棉花包装材料。它的优点是透气性强，对棉花品质影响较小。使用棉布包包装棉花，在储存过程中，棉花能够更好地呼吸，有利于保持棉花品质。棉布包的强度相对较低，耐磨性不如塑料编织袋，在运输过程中容易破损。

2. 棉花包装规格和棉花包装标识

（1）棉花包装规格

一般根据市场需求和运输、储存的要求，确定棉花包装规格。常见的棉花包装规格有 50 kg/包、75 kg/包等。在包装过程中，要保证将棉花密实地填充在包装内，避免棉花在包装内晃动，导致棉纤维受损。例如，在使用塑料编织袋包装棉花时，通过压实等方式使棉花装满塑料编织袋，并且扎紧袋口。

（2）棉花包装标识

棉花包装标识应包括棉花的品种、棉花品级、产地、质量、生产日期等重要信息。这些信息有助于了解棉花的基本情况，并且在品质追溯和市场流通中起关键作用。例如，标识棉花品级有助于根据不同的生产需求，选择合适品级的棉花，标识产地有助于了解棉花的生长环境和质量特点。

3. 棉花包装质量控制和检验

在棉花包装过程中，严格控制包装质量。检查包装材料是否破损、封口是否牢固等。对于包装好的棉花，进行抽样检验，检验内容包括含水量、杂质含量等指标。例如，在棉花加工厂中，包装后，随机抽取一定比例的棉花包进行检验，确保每一包棉花品质都达到标准，避免出现质量问题。

学习单元2　棉花品级鉴定

掌握棉花品级鉴定的方法。

一、棉花品级鉴定的指标和标准

1. 色泽特征

（1）颜色

颜色是棉花品级鉴定的重要指标之一。正常棉花颜色为白色或乳白色。优质棉花洁白光亮，而发黄、发灰或有杂色的棉花品级较低。例如，白棉分为白棉1级（洁白或乳白，特别明亮）、白棉2级（洁白或乳白，明亮）、白棉3级（白或乳白，稍亮）等。颜色差异可能因为棉花在生长过程中受到气候、病虫草鼠害、采摘时间等因素影响。

（2）光泽

光泽反映了棉纤维的表面状态。有光泽的棉纤维表明其成熟度较高，品质较高。光泽暗淡的棉花可能因为棉纤维成熟度低或者受到污染。通过棉花在自然光线或特定光线下的反射光，鉴定光泽。

2. 轧工质量

（1）杂质含量

在轧花过程中，可能混入杂质，如棉壳、碎叶、砂土等。杂质含量小的棉花品级高。例如，一级皮棉杂质含量不超过1%，三级皮棉杂质含量在3%左右。杂质会影响棉花的加工性能和最终产品质量。

（2）短纤维率

轧工质量影响短纤维率。短纤维率是指长度短于一定标准的棉纤维占棉纤维总量的比例。轧工良好棉花的短纤维率较低，因为在轧花过程中能够较好地保留纤维长度。短纤维率高会导致可纺性减弱，棉花品级下降。

3. 纤维长度和纤维强度

（1）纤维长度

纤维长度是衡量棉花品质的关键因素。棉纤维越长，可纺性越强，能用于生产更高支数的纱线。陆地棉纤维长度一般为25~31 mm，海岛棉纤维长度更长，可达33~39 mm。在棉花品级鉴定中，纤维长度是重要依据。例如，长绒棉品级通常高于细绒棉。

（2）纤维强度

纤维强度影响棉花在纺织过程中的承受力。纤维强度高的棉纤维在纺纱、织造过程中不易断裂，成品的耐用性强。通过纤维强度测试仪来测定纤维强度，一般用断裂比强度来表示，单位为厘牛/特克斯（cN/tex）。纤维强度高的棉花品级相对较高。

二、鉴定方法和工具

1. 感官鉴定法

（1）视觉观察

视觉观察是最常用的感官鉴定法之一。将棉花样品平放在白色背景的检验台上，在自然光线或标准光源照射下，观察棉花的颜色、光泽和杂质含量。检验人员凭借经验,通过肉眼观察棉花的色泽特征和杂质含量的大致范围。

(2)触觉感受

触觉感受是指用手触摸棉花,感受棉花的柔软度、弹性和纤维长度。棉纤维长且柔软有弹性的棉花品质较高。例如,用手抓取一把棉花,松开后,如果棉花能够迅速恢复蓬松状态,说明其弹性较强,棉花品级较高。

2. 仪器鉴定法

(1)纤维长度测试仪

使用大容量棉花纤维测试仪(high volume instrument,HVI)等仪器来精确测量纤维长度。纤维长度测试仪通过光学或机械方法,能够快速、准确地测定纤维长度的分布情况,包括主体纤维长度、上半部平均纤维长度等参数。

(2)纤维强度测试仪

使用纤维强度测试仪来测试纤维强度。将棉纤维样品固定在纤维强度测试仪的夹具上,拉伸棉纤维直至断裂,记录断裂时的力和纤维细度,从而计算断裂比强度。

(3)杂质分析机

杂质分析机用于检测棉花的杂质含量。通过机械筛分和气流分离等原理,将棉花中的杂质分离出来,然后精确称重,计算杂质占棉花总质量的比例。

三、不同品级棉花的特点和用途

1. 高品级棉花(1~2级)

(1)特点

高品级棉花色泽洁白光亮,杂质含量极小,纤维长度长(一般陆地棉纤维长度为29~31 mm),纤维强度高(断裂比强度为30~32 cN/tex)。高品级棉花在轧工质量上表现出色,短纤维率低,纤维整齐度高。

(2)用途

高品级棉花主要用于生产高档纺织品,如高支数的精梳纱线,制作高档衬衫、床上用品等。高品级棉花还可用于特种纺织领域,如生产医用纱布等对棉花品质要求极高的产品。

2. 中品级棉花(3~4级)

(1)特点

中品级棉花颜色稍差,可能有少量淡黄染或灰黄染,光泽一般。杂质含量为

2%~4%，纤维长度适中（陆地棉纤维长度为 27~29 mm），纤维强度中等（断裂比强度为 28~30 cN/tex）。短纤维率有所提高，轧工质量较高品级棉花低。

（2）用途

中品级棉花用于生产中等支数的纱线，制作一般的服装、家纺等产品。例如，可以使用中品级棉花生产普通的 T 恤衫、窗帘等。

3. 低品级棉花（5~7 级）

（1）特点

低品级棉花颜色发黄、发灰，甚至有明显杂色，光泽差。杂质含量较大（4%以上），纤维长度短（陆地棉纤维长度小于 27 mm），纤维强度较低（断裂比强度小于 28 cN/tex）。短纤维率高，轧工质量低。

（2）用途

低品级棉花主要用于生产粗支纱线、棉胎、低档填充物等。由于棉花品质较低，低品级棉花的经济价值较低，在一些对棉花品质要求不高的领域仍有一定的用途。

培训课程 3

储藏

学习单元1　棉花储藏与仓库病虫鼠害防治

了解棉花储藏与仓库病虫鼠害防治的方法。

一、棉花储藏

1. 棉花储藏的要求

（1）环境要求

1）温度。应保持棉花储藏环境的温度相对稳定，理想温度为15～25 ℃。温度过高会加速棉花的自然老化过程，导致纤维强度下降、颜色变黄。当温度长期超过30 ℃时，棉花的内部结构发生变化，使棉花的可纺性减弱。同时，温度过低可能使棉花受潮，特别是在湿度较高的环境下，过低的温度会引起结露现象。

2）湿度。仓库内的相对湿度以60%～70%为宜。湿度过高容易导致棉花发霉、变质，滋生霉菌和害虫。在湿度超过75%的环境中，棉花很可能在短时间内出现霉斑。湿度过低可能产生静电，提高棉花吸附灰尘等杂质的概率。

（2）空间布局和通风要求

在仓库内堆放棉花，要合理规划空间，确保通风良好。棉花包之间应保持一定的距离，一般为 0.5～1 m，形成通风通道，有利于空气流通，及时排出棉花散发的热量和湿气。例如，采用堆垛方式储藏棉花时，垛与垛之间的通道宽度不应小于 1.5 m，保证空气顺畅地在仓库内流通。良好的通风还可以降低仓库内有害气体的浓度，如棉花在储藏过程中可能释放少量的挥发性物质，通风能防止这些物质积聚。

2. 棉花特性和储藏方法

（1）吸湿性和防潮方法

棉花具有较强的吸湿性，因为棉纤维含有大量的羟基，能够与水分子结合。为了防止棉花吸湿，应对仓库地面进行防潮处理，如铺设防潮垫或采用防潮地坪。同时，可以使用防潮材料包裹棉花包，如塑料薄膜。棉花包不能完全密封，应留有一定的空间，避免棉花内部的湿气无法散发。

（2）易燃性和防火方法

棉花属于易燃品，棉纤维含有大量的纤维素，在有火源的情况下很容易燃烧。因此，在仓库内严禁烟火，应设置明显的禁烟、禁火标志。使用防爆电气设备，避免因火花引发火灾。配备足够的消防器材，如灭火器、消防栓等，并定期进行检查和维护。在堆放棉花时，与仓库的取暖设备、照明灯具等保持一定的安全距离，一般不应小于 1 m。

（3）易受虫害性和防虫方法

在储藏过程中，棉花容易受到多种害虫危害，如棉红铃虫等。这些害虫会蛀食棉纤维，降低棉花品质。在储藏前，可以对棉花进行防虫处理，如使用防虫药剂熏蒸。另外，保持仓库清洁卫生，定期清理仓库内的杂物和灰尘，减少害虫滋生的机会。

二、仓库病害防治

1. 仓库管理

（1）清洁卫生

保持仓库清洁是防治棉花病害的基础。在棉花入库前，要对仓库进行彻底清扫，清除仓库内的杂物、灰尘、残留的棉花等。清洁仓库的墙壁、地面和天花板等，必要时可以采用消毒剂进行消毒。例如，采用漂白粉溶液消毒地面，能够有效杀灭病原菌。同时，在储存棉花期间，定期打扫仓库，及时清除地面上的棉花和杂物。

（2）合理堆放和定期检查

在仓库内，棉花堆放要合理，避免过于拥挤，导致空气流通不畅。按照一定的规则堆放，便于通风和检查。在堆放过程中，避免棉花直接接触地面和墙壁，最好在棉花包底部和周边放置垫板或隔离物。定期检查，观察棉花是否有发霉、变色、发热等异常情况。每周至少检查1次，重点检查仓库的角落、通风不良的区域，以及靠近门窗的地方，发现问题，及时解决。

2. 物理防治

（1）控制温度

控制温度是指利用温度变化来防治病害。通过调节仓库温度，抑制病原菌生长和繁殖。在夏季高温时，可以适当提高仓库温度，利用高温杀灭部分病原菌。控制仓库温度为40~50 ℃，保持一段时间（如2~3天），可以有效杀死一些不耐高温的真菌。高温处理不能影响棉花品质，需要根据棉花品种和特性，确定合适的温度。

（2）通风除湿

良好的通风可以降低仓库内的湿度，降低病害发生的概率。通过安装通风设备，如排风扇、通风管道等，及时排出仓库内的湿气。当仓库外的空气湿度较低时，打开通风设备，使干燥的空气进入仓库，带走棉花中的水分。在清晨或傍晚，仓库外的空气湿度相对较低，是通风除湿的好时机。

3. 化学防治

（1）熏蒸防治

在棉花入库前或发现病害迹象时，可以采用熏蒸防治。常用的熏蒸剂有磷化铝等。将熏蒸剂按照一定的剂量放置在仓库内，使其挥发，产生气体，这些气体能够渗透到棉花包内部，杀灭病原菌、害虫等有害生物。使用磷化铝熏蒸防治，要严格按照说明书的要求，控制剂量和熏蒸时间，一般使用量为3~6 g/m^3，熏蒸时间为3~5天。熏蒸结束后，充分通风换气，将有害气体排出仓库，确保棉花上没有残留的熏蒸剂。

（2）杀菌剂防治

对于已经发生病害的棉花，可以施用杀菌剂防治。选择合适的杀菌剂，如多菌灵、甲基托布津等，将其配制成一定浓度的溶液，对棉花进行喷雾或浸泡。施用杀菌剂可能对棉花品质产生一定的影响。在保证防治效果的前提下，尽量选择对棉花品质影响小的杀菌剂，并按照规定的剂量和方法施用。

三、仓库鼠害防治

1. 器械捕鼠

（1）捕鼠器械的类型和特点

1）捕鼠夹。捕鼠夹是一种常见的捕鼠器械。它的优点是捕杀效果强，能够迅速将老鼠夹住致死。捕鼠夹有多种类型，如木板捕鼠夹、铁板捕鼠夹等。木板捕鼠夹比较轻便，价格相对较低；铁板捕鼠夹则更加坚固耐用。根据需要，调整捕鼠夹的灵敏度。在老鼠活动频繁的区域，调高灵敏度，提高捕鼠效率。

2）黏鼠板。黏鼠板通过胶水将老鼠黏住。它的优点是使用方便，不需要设置复杂的机关。在黏鼠板上，放置一些诱饵，如花生酱、香肠等，吸引老鼠。当老鼠踏上黏鼠板时，就会被胶水牢牢黏住。黏鼠板的面积较大，能够捕捉不同大小的老鼠。在湿度较高的环境下，胶水的黏性可能下降，影响捕鼠效果。

（2）捕鼠器械的放置和使用技巧

应将捕鼠器械放置在老鼠经常出没的地方，如仓库的墙角、门口两侧、棉花包底部等。在放置捕鼠夹时，要将其靠墙放置，并且用铁丝或绳子固定，防止老鼠将捕鼠夹拖走。同时，确保触发机关灵敏，诱饵新鲜、有吸引力。将黏鼠板平放在地面上，避免褶皱，防止老鼠从黏鼠板的边缘逃脱。在仓库内，可以将多个捕鼠器械组合放置，形成一个捕鼠区域，提高捕鼠效率。

2. 毒饵诱杀

（1）选择和配制毒饵

选择合适的杀鼠剂是毒饵诱杀的关键。常用的杀鼠剂有抗凝血类杀鼠剂，如溴敌隆、大隆等。这些杀鼠剂的作用机制是破坏老鼠的凝血功能，使老鼠在进食后，内出血而死亡。在配制毒饵时，将杀鼠剂与老鼠喜欢的食物混合，如小麦、玉米、大米等。一般按照说明书的要求，将杀鼠剂配制成一定浓度的毒饵。例如，溴敌隆毒饵的浓度一般为 0.005%～0.01%。

（2）注意事项

投放毒饵的位置要准确，如在老鼠的活动通道、洞口附近等。投放时，注意避免其他非靶标动物误食，如家禽、家畜等。可以将毒饵放置在特制的毒饵盒内，毒饵盒有入口和出口，老鼠可以进入取食，但其他动物难以接触毒饵。同时，在投放毒饵的区域，设置明显的警示标志，提醒人们注意安全。投放毒饵后，定期检查毒饵的消耗情况，及时补充毒饵，直到老鼠明显减少。

学习单元 2　棉花仓库防火

了解棉花仓库防火知识。

一、建筑设计与布局的防火要点

1. 选址要求

棉花仓库应选择在远离火源和易燃易爆品生产、储存场所的区域。与油库、化工厂等保持足够的安全距离，一般建议距离不小于 1 000 m。同时，避免建在容易遭受雷击的高地势区域或山谷等通风不良的地方。还要考虑交通便利，便于消防车快速到达。

2. 建筑结构

棉花仓库的建筑材料应采用不燃烧体或难燃烧体。墙体可采用砖墙等耐火性能强的材料，屋顶最好采用防火涂料保护的轻钢屋架或者混凝土结构。棉花仓库的耐火等级一般不应低于二级。根据储藏棉花的数量和消防设备的有效覆盖范围，确定棉花仓库的高度和跨度，避免棉花堆垛过高或棉花仓库过于庞大，增加火灾风险。

3. 布局规划

合理规划棉花仓库的内部区域，设置防火墙或防火卷帘，将棉花仓库分隔成若干个防火分区。每个防火分区的面积应符合消防规定。例如，单层棉花仓库每个防火分区的最大允许建筑面积不应超过 1 500 m²（采用自动喷水灭火系统时可适当增加）。保持棉花仓库内的通道畅通，通道宽度一般为 3～5 m，便于人员疏散和消防设备操作。

二、棉花仓库的防火措施

1. 堆垛要求

棉花堆垛要保持合理的尺寸和间距。棉花堆垛的高度一般不宜超过 6 m，棉花堆垛的间距不应小于 1 m。这样可以保证空气流通，减少热量积聚，并且在发生火灾时，便于消防设备操作。棉花堆垛应整齐、牢固，防止倒塌。同时，避免棉花直接接触地面，可使用垫板等进行隔离。

2. 控制温湿度

保持棉花仓库适宜的温湿度。应控制温度为 20~30 ℃，保持相对湿度为 50%~70%。可以安装温湿度监测设备，实时监测棉花仓库内的温湿度。当温度过高时，可通过自然通风或机械通风的方式降温；当湿度较低时，可使用加湿设备提高湿度，防止棉花过于干燥而产生静电，引发火灾。

3. 分类存放

对于不同品级、不同批次的棉花，要分类存放。特别是对于已经受潮、污染或者有病虫害的棉花，要单独存放并及时处理。对于加工后的棉花（如皮棉、棉籽等），也要分类存放，避免混淆和相互影响。

三、消防设备配备

1. 灭火系统

（1）自动喷水灭火系统

在棉花仓库内，应安装自动喷水灭火系统，包括喷头、报警阀组、水流指示器等部件。根据棉花仓库的高度、面积和储藏物品的特点，选择喷头的类型。可采用早期抑制快速响应喷头，其动作温度为 79 ℃左右。保证在火灾发生时，自动喷水灭火系统能够及时启动，有效控制火势蔓延。

（2）灭火器

在棉花仓库的各个角落、通道等位置，配备足够数量的灭火器。可选用磷酸铵盐干粉灭火器，灭火效率高，适用范围广。根据棉花仓库的面积和消防规定，每 50 m² 至少应配备 1 具灭火器，且每个设置点的灭火器数量不宜少于 2 具。

2. 火灾自动报警系统

火灾自动报警系统包括烟雾探测器、温度探测器、手动报警按钮等。烟雾探测器能够及时感知空气中的烟雾浓度，温度探测器可以探测环境温度异常升高。

当探测到火灾信号时，立即发出警报，通知人员疏散。同时，火灾自动报警系统要与消防部门联网，确保在火灾发生时及时通知消防部门。

3. 消防水源与消防车道

保证在棉花仓库周围有充足的消防水源，包括消防水池、消防栓等。根据棉花仓库的规模和消防用水的标准，确定消防水池的储水量，一般不应小于棉花仓库火灾延续时间内所需的消防用水量。在棉花仓库周围，设置环形消防车道，消防车道宽度不应小于4 m，保证消防车顺利通行。

四、人员管理与培训

1. 人员培训

对棉花仓库的工作人员进行全面的消防安全培训，包括火灾预防知识，如棉花的火灾危险性、避免静电产生等；火灾报警知识，如正确操作手动报警按钮、识别火灾报警信号等；灭火技能，如灭火器的使用方法、消防栓的使用方法等；疏散逃生知识，如棉花仓库的疏散通道位置、紧急情况下的逃生技巧等。

2. 日常管理

建立严格的棉花仓库管理制度，包括人员出入登记制度、烟火管理制度、安全检查制度等。在棉花仓库内，严禁吸烟和使用明火。如果确需动火作业（如维修设备等），必须经过严格的审批程序，采取有效的防火措施，方可进行。定期对棉花仓库进行安全检查，重点检查消防设备是否完好、棉花堆垛是否符合要求、电气设备是否安全等。

3. 消防应急演练

定期组织消防应急演练，模拟火灾场景，熟悉火灾发生时的应急处置流程。消防应急演练内容包括火灾报警、初期火灾扑救、人员疏散等。通过消防应急演练，增强应急反应能力和协同配合能力，确保在发生火灾时有效应对。